U0065629

達克比辦案 ⑩

人類構造的演化與返祖現象

文 胡妙芬　圖 柯智元

達克比形象原創 彭永成

親子天下
Education · Parenting
Family Lifestyle

課本像漫畫書 童年夢想實現了

臺灣大學昆蟲系名譽教授、蜻蜓石有機生態農場場長 **石正人**

讀漫畫，看卡通，一直是小朋友的最愛。回想小學時，放學回家的路上，最期待的是經過出租漫畫店，大家湊點錢，好幾個同學擠在一起，爭看《諸葛四郎大戰魔鬼黨》，書中的四郎與真平，成了我心目中的英雄人物。我常看到忘記回家，還勞動學校老師出來趕人，當時心中嘀咕著：「如果課本像漫畫書，不知有多好！」

拿到【達克比辦案】書稿，看著看著，竟然就翻到最後一頁，欲罷不能。這是一本將知識融入漫畫的書，非常吸引人。作者以動物警察達克比為主角，合理的帶讀者深入動物世界，調查各種動物世界的行為和生態，透過漫畫呈現很多深奧的知識，例如擬態、偽裝、共生、演化等，躍然紙上非常有趣。書中不時穿插「小檔案」和「辦案筆記」等，讓人覺得像是在看CSI影片一樣的精采，而很多生命科學的知識，已經不知不覺進入到讀者腦海中。

真是為現代的學生感到高興，有這麼精采的科學漫畫讀本，也期待動物警察達克比，繼續帶領大家深入生物世界，發掘更多、更新鮮的知識。我相信，有一天達克比在小孩的心目中，會像是我小時候心目中的四郎和真平一般。

我幼年期待的夢想：「如果課本像漫畫書」，真的是實現了！

從最有趣的漫畫中學到最有趣的科學

中正大學通識教育中心特聘教授、「科學傳播教育研究室」主持人 **黃俊儒**

許多科學家在回顧自己的研究生涯時，經常會提到小時候受到哪些科學讀物的關鍵影響，其中不乏精采的小說、電影或漫畫。流行文化文本對於讀者所產生的潛移默化作用，可能遠比我們所能想像的更深更遠。

過往的年代，小朋友看漫畫會被長輩斥責是在看「尪仔冊」，意思就是內容比較不正經。但是這個年代卻大大的不一樣，透過漫畫傳遞知識成為一個重要的顯學，因為漫畫可以將許多抽象的科學知識具體化，讓科學理論、數學符號、原理算式都變得栩栩如生、躍然紙上。此外，透過情節的鋪陳，更可以讓讀者拉近科學知識與生活情境之間的關係。

「有趣」是學習過程中一件很重要的事，看達克比一邊辦案一邊抖出各種動物的祕密，不知不覺就學到許多生物的知識。在孩童開始接受嚴肅的教科書洗禮之前，如果有機會從最有趣的漫畫中學到最有趣的科學，相信他們一定可以跟這些知識保持一輩子的好關係！

從故事中學習科學研究的方法與態度

臺灣大學森林環境暨資源學系教授與國際長 **袁孝維**

【達克比辦案】系列漫畫圖書趣味橫生，將課堂裡的生物知識轉換成幽默風趣的漫畫。主角是一隻可以上天下海、縮小變身的動物警察達克比，他以專業辦案手法，加上偶然出錯的小插曲，將不同的動物行為及生態知識，用各個事件發生的方式一一呈現。案件裡的關鍵人物陸續出場，各個角色之間互動對話，達克比抽絲剝繭，理出頭緒，還認真的寫了「我的辦案心得筆記」。書裡傳達的不僅是知識，而是藉由説故事的過程，教導小朋友如何擬定假説、邏輯思考、比對驗證等科學研究方法與態度。不得不佩服作者由故事發想、構思、布局，再藉由繪者的妙手，生動活潑呈現的高超境界了。

作者是我臺大動物所的學妹胡妙芬，有豐厚的專業背景，因此這一系列的科普漫畫書，添加趣味性與擬人化，讓小朋友在開心快樂的閱讀氛圍裡，獲得正確的科學知識，在大笑之餘，收穫滿滿。

幼幼班到成人都愛不釋手的「十全十美達克比」！

資深國小老師、教育部 101 年度閱讀磐石個人獎得主 **林怡辰**

在各大童書社團、閱讀討論區，一講到「達克比」，下面總是一大堆回訊：「孩子看到入迷」、「幼兒園搭配音檔都倒背如流」、「小學一年級為了讀懂達克比來問國字」、「中年級高年級讀到整個早上都沒有聲音」，連大學生都寫信問作者，什麼時候出下一集？難怪家長説「真是防疫神器」，真的實至名歸！

興趣總是閱讀習慣建立的第一要素，達克比總讓孩子充滿動機、無限自燃，還能從中獲得知識樂趣、體驗探究過程，主因是由臺大動物所畢業的兒童科普作家胡妙芬老師撰寫，專家專業加上生動有趣的漫畫畫風，一到五集從動物出發，補足了國小自然的延伸閱讀。六到十集則是地球歷史和生物演化，將抽象的地球科學中教科書裡複雜的概念，清楚明瞭的呈現，還能從中體會作者的熱情，「秒懂」知識、將概念瞬間置入頭腦裡以外，還哈哈大笑，通體舒暢！

好的知識漫畫，充滿科學精神的疑問假設、抽絲剝繭、證據證明，最後還有表格對照比較，科學味十足。中間還穿插對話引導思考，檔案表格提供比較。這套書做了最好的證明──對世界感到好奇、知識探求如此有趣，也難怪出版至今十集，歷久不墜、熱度不減。

才剛看完第十集，滿足的和一群孩子哈哈大笑後闔上書頁，聽説下一集開始是地球和生態系，我和一群孩子又加入引頸企盼，準備催稿的行列了！

推薦序 **石正人** 臺灣大學昆蟲系名譽教授、蜻蜓石有機生態農場場長 2

推薦序 **黃俊儒** 中正大學通識教育中心特聘教授、「科學傳播教育研究室」主持人 2

推薦序 **袁孝維** 臺灣大學森林環境暨資源學系教授與國際長 3

推薦序 **林怡辰** 資深國小教師、教育部101年度閱讀磐石個人獎得主 3

達克比的任務裝備 7

怪談第三眼 8

「第三眼」小檔案 19

脊椎動物「眼睛」的演化 22

第三眼的「廢物再利用」 24

鬼屋美人魚 30

魚鰭小檔案 39

從鰭到腳，從水中到陸地 43

透視動物的前肢骨頭 47

馬的腳趾哪裡去了？ 48

人體還有什麼是來自魚類祖先？ 49

猩猩選美會　56

動物的ㄋㄟㄋㄟ在哪裡？ 68

乳腺小檔案　70

人類胎兒的ㄋㄟㄋㄟ發育過程　73

刺客追追追　82

人類是怎麼來的？ 98

伊卡拉蟲小檔案　106

貪心美人計　108

人類為什麼用兩腳行走？ 122

人類的毛髮為什麼退化？ 124

人類為什麼沒有尾巴？ 125

小木屋派出所新血招募　131

鴨嘴獸「達克比」是一個動物警察，
駐守在河邊的小木屋派出所。

達克比的任務裝備

達克比，游河裡，上山下海，哪兒都去；
有愛心，守正義，打擊犯罪，他跑第一。

猜猜看，他會遇到什麼有趣的動物案件呢？

怪談第三眼

轟
轟

砰
啊！
啊！

嗚，老師，
我會怕～
我們一定要
進去嗎？

孩子們別怕，鬧鬼的
傳說都只是騙人的。

老師帶你們參觀這棟屋
子，就是想破除謠言，
證明世界上並沒有鬼！

吱——
跟我一起
進去吧！

我不敢看！

?

嗯？

哈哈！哪裡有鬼？!

應該是說……

這裡除了垃圾以外，
叩漏

什麼鬼都～
沒～有～
啊

可是大家都說……
這棟鬼屋半夜會發光！

而且還有黑色的人影和
奇怪的腳步聲……

可是你們自己看，哪裡
有鬼？那些話全是謠言！

轟

鏘！

匡鎯

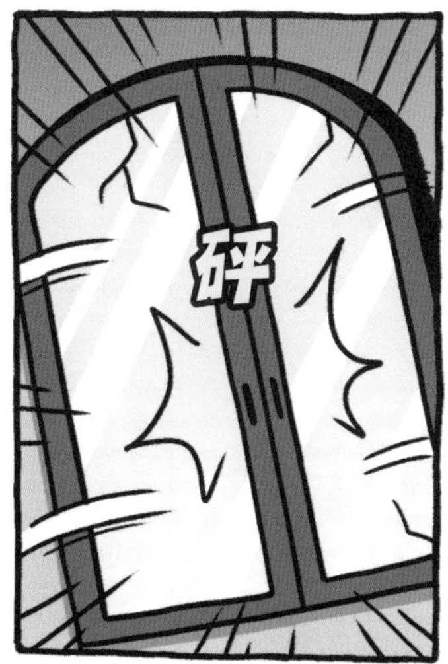
砰

老師你後面……

啊

嗯？

呃……

啊啊
啊啊啊

啊～
有鬼～

老師，
你還好吧？

抖
抖

我……

驚呆

老師……
你臉上……

我不敢看！
好可怕～

我的臉怎麼
了嗎？

我來瞧瞧！

：老師照到光就變出眼睛，這裡一定有鬼！

：這……怎麼會……？

：一定是老師太鐵齒惹鬼生氣了，施法術讓我們知道鬼的厲害！

：這沒有科學根據，你們不要亂猜。

：老師都說沒有鬼……老師騙人！以後你說什麼，我都不相信了。

：不……不是你們想的這樣。呃……對了！這只是老師的「第三眼」！沒錯，第三眼！只是平常我把它藏起來，沒讓你們看見！

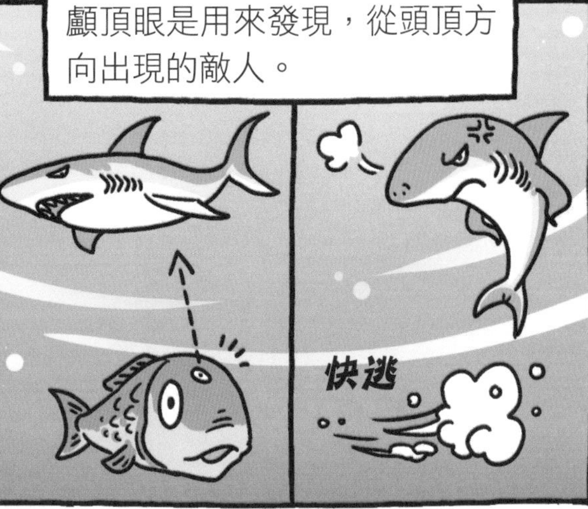

※「顱」念成「ㄌㄨˊ」，頭骨的意思，又指頭部。

後來經過長時間的演化，牠們的後代像是有些魚類、青蛙或蜥蜴，顱頂眼只剩下一個，大家就習慣叫它「第三眼」。

沙沙沙

老師，是這樣嗎？

呃！

不對，第三眼的外形和一般的眼睛並不一樣。
哈
哈
哈
哈

「第三眼」小檔案

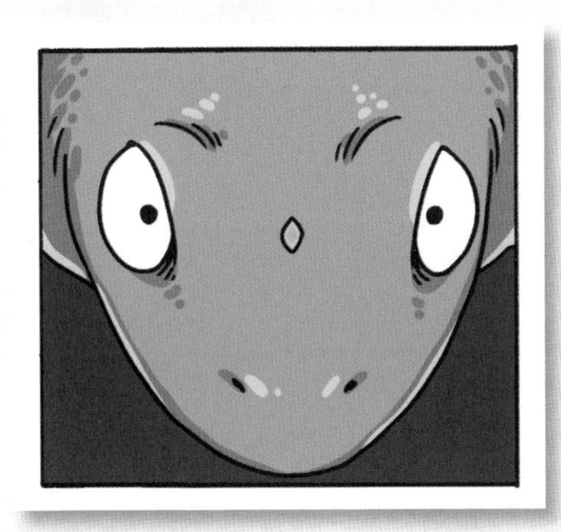

名 稱	第三眼（又稱為「顱頂眼」）
擁有者	部分的現代魚類、蛙類、蛇和蜥蜴
位 置	頭頂或兩眼之間
外形與特徵	許多古老脊椎動物的頭骨化石上，長著一個小孔，這個小孔可能就是第三眼的位置。 第三眼比正常的眼睛小很多，通常只能感受光線的明暗，看不清楚物體的形狀。 在現代動物的第三眼上通常會覆蓋著一層皮膚，所以我們並不容易從牠們的外表看見第三眼。

※「返祖現象」的詳細介紹，請見第六集第 52 頁。

返祖現象？
團長弟弟的「超能返祖射線」也會引起返祖現象……
啊！
阿美！
砰
砰
但是不可能。
再見！
超能返祖射線已經被團長帶回黏巴答星球了。
再見！
跟這個一定沒有關係。
咻
下次再來找我們玩喔～
因為蜥蜴曾經是我們哺乳類的祖先，所以老師一出生就有第三眼，這是一種返祖現象。

脊椎動物「眼睛」的演化

現代的魚類、兩生類、爬蟲類、鳥類、哺乳類，大都跟人類一樣，擁有一對明顯的雙眼。這些動物背部都有「脊椎骨」，所以合稱為「脊椎動物」。但是，脊椎動物最早的祖先，「眼睛」可不只有兩個喔！現代脊椎動物的兩個眼睛，最早可能是由四個演變而來。

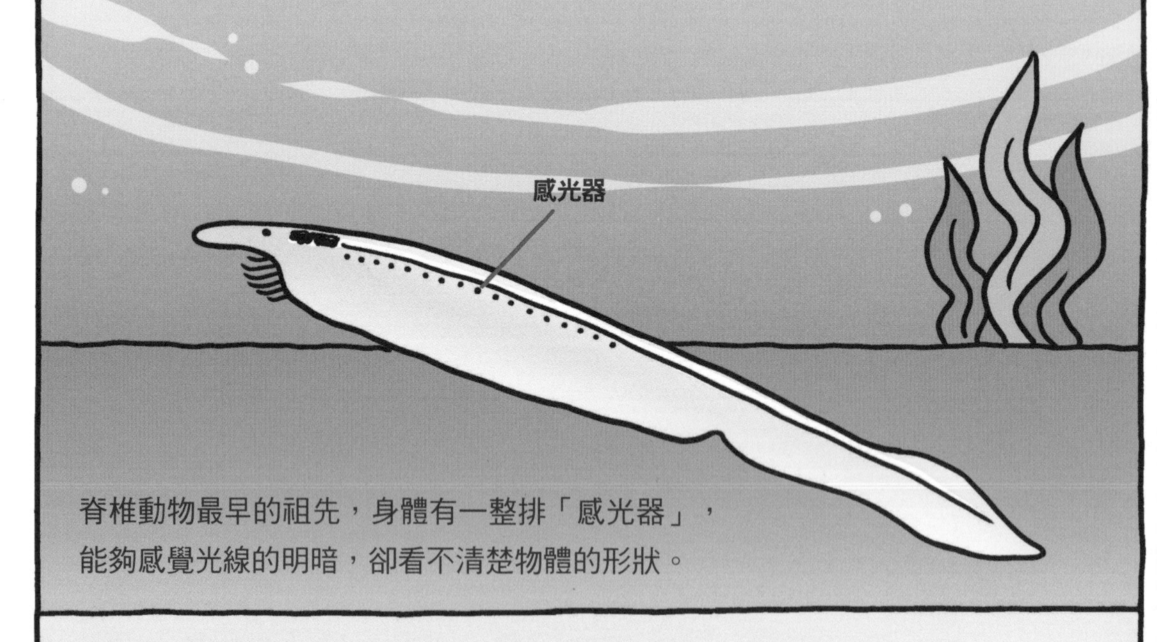

脊椎動物最早的祖先，身體有一整排「感光器」，
能夠感覺光線的明暗，卻看不清楚物體的形狀。

接著，感光器變得集中在頭部，數量只剩下四個：兩個在頭部的兩側，
演化為一般的眼睛；另外兩個在頭頂，演化為「顱頂眼」。

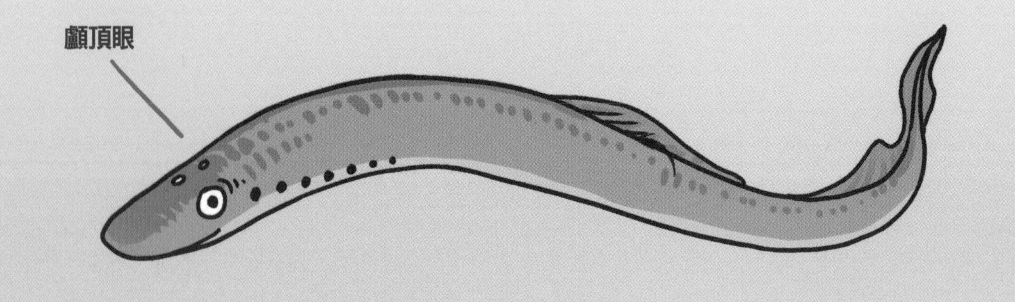

後來，有些動物的顱頂眼從兩個退化成只剩一個，成為「第三眼」。
第三眼
古代的魚類、兩生類和爬蟲類大多都有第三眼，但是到了「三疊紀」，大部分魚類、兩棲類的第三眼都退化消失。而且現代的鱷魚、龜類和大部分的蛇，也都失去第三隻眼。
你的第三眼怎麼消失了？
沒差，反正沒有用處了。
從爬蟲類演化出來的鳥類和哺乳類（包括人類在內），都沒有第三眼。爬蟲類祖先的第三眼，在哺乳類身上退化到只剩包在大腦裡的「松果腺」，外表只剩下兩個眼睛。
松果腺

第三眼的「廢物再利用」

人類的「松果腺」大小像豌豆，深深藏在大腦的中央位置。它跟其他哺乳動物的松果腺一樣，都是從蜥蜴祖先的「第三眼」演化而來。雖然人類的松果腺已經失去了祖先的感光功能，但卻會分泌一種叫「褪黑激素」的荷爾蒙，控制人體在白天活動、夜晚休息的生理時鐘。

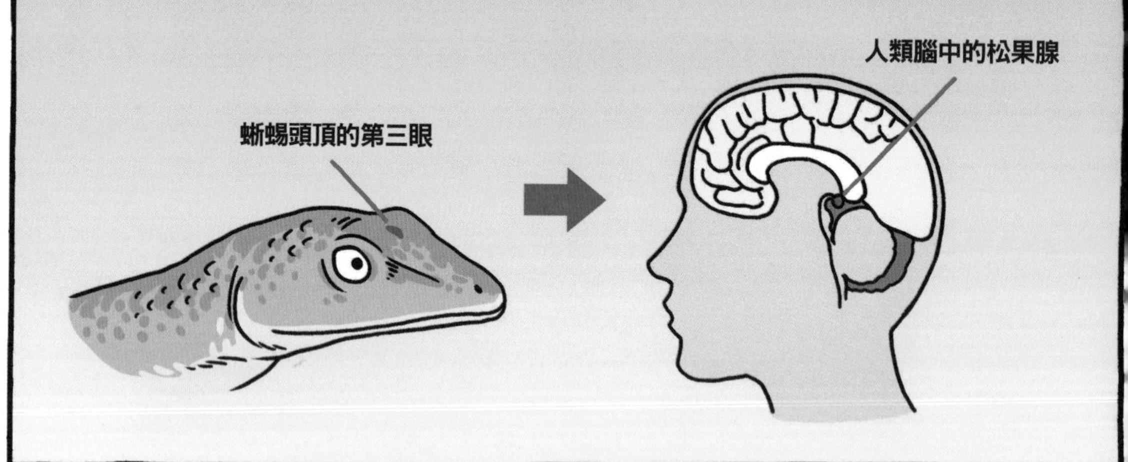

這種廢物利用孕育出全新功能的巧妙例子不只一個，像是人類耳朵裡的「聽小骨」，就是來自於鯊魚祖先的頜骨。

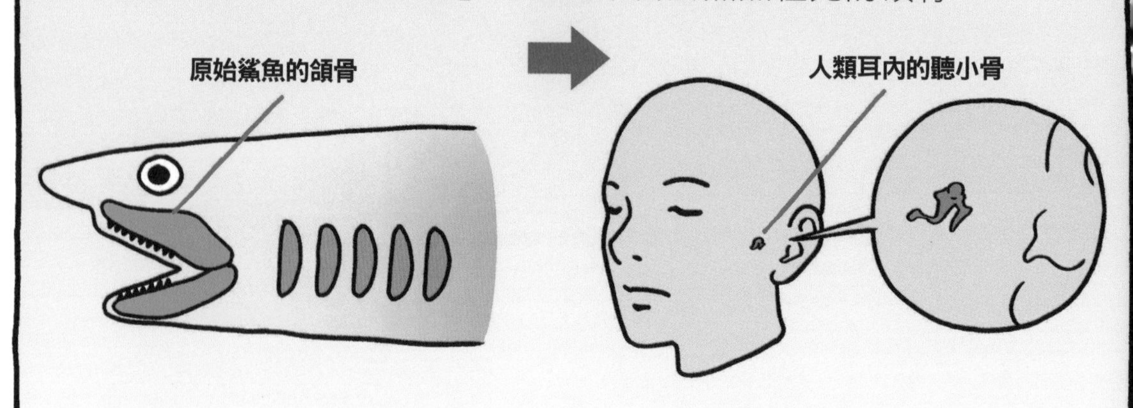

※「頜」念成「ㄏㄢˋ」。嘴巴上下部位的骨骼、肌肉稱為「頜」，分為上頜和下頜。

為了不想引來異樣的眼光，所以老師從小就用瀏海遮住它……

原來是這樣！
害我以為真的有鬼呢！

沒關係，我們不會隨便告訴別人！
沒錯。

我們會幫老師保守祕密。
嗯嗯！

呼～

太好了，謝謝你們。
那今天的參觀就到此結束，同學們自由解散，可以放學回家囉！
耶！下課了～
老師再見！

真無聊，原來鬼屋根本沒有鬼嘛！

還是回家打電動比較好玩～
對啊，走吧！

老師再見！
再見！

呼……

！

怎麼辦，
怎麼辦？
好可怕、
好可怕！

老師，你為什麼
要騙我們？

不是的，你誤會了……

這個世界沒有鬼，
老師的第三眼跟
鬼沒有關係……

但是你以前明明
沒有第三眼！
嗯？你怎麼
知道……

因為上次我跟同學打賭，趁你睡覺的時候偷畫臉……

撥開你的頭髮時什麼都沒有……

噗～
嘻嘻！
老師只是怕同學們害怕，隨便找個理由安慰我們！

可惡！原來上次是你！
你這調皮鬼！
啊啊啊，老師比鬼還可怕……

報案人：山羊老師

報案原因：進入鬼屋後，頭頂出現第三眼。

調查結果：

1. 魚類、兩生類、爬蟲類、鳥類和哺乳類都有脊椎，合稱為「脊椎動物」。

2. 脊椎動物的祖先擁有許多「感光器」，後來感光器演化成眼睛和第三眼。第三眼比一般的眼睛小，而且只能感光，看不清楚物體的模樣。現代動物中只剩下部分的魚類、蛙類、蛇和蜥蜴有第三眼。

3. 蜥蜴的第三眼演化成哺乳類大腦中的「松果腺」，其中包括人類在內。

4. 小博了解老師說謊是「善意的謊言」，決定帶山羊老師去找達克比展開調查。

調查心得：

第三眼，變變變；
演化成功變成松果腺。
不感光，判日夜；
原在頭頂變到腦中間。

鬼屋美人魚

唧——
唧——
刷
沙沙
沙沙
刷
沙
沙
山羊老師！
你怎麼知道是我？

因為很明顯呀！

我不想讓別人看到，怕造成大家的恐慌。

但其實我自己很害怕……
嗚
嗚

沒關係的，我們去找達克比，事情很快就會水落石出的！

好，那我們趕緊出發吧！
走吧！

警察～
我要報案！
我要報案！
我要報案！
我要報案！
我要報案！
我要報案！

呃，怎麼突然這麼多人，忙不過來了！
沙沙
刷刷
我先～
我先！

啊～我要昏倒啦～

河馬太太！

怎麼啦～

河馬太太恐慌症發作，暈倒了！
還有呼吸嗎？會不會死啊？
誰會急救？快來幫忙啊！

看來只好我來口對口人工呼吸了！
吸

啊啊啊

啪
妳幹嘛打他，
他是要救你耶！
我只是恐慌症發作。
森林發生這麼多怪事，
已經引起一片驚慌了。
你不趕快去調查，還
來親我幹什麼？
嗚啊啊啊

葛格打我～

誰是你葛格？

咦？他是一隻「彈塗魚」，
怎麼會是你哥哥呢？

哈哈哈！看吧，不是
只有我這麼說……
哼

可惡，閉嘴！

我是青蛙，
不是彈塗魚！
啪
砰

嘿，不要打架！
哼
踢

我昨天在鬼屋被一道光照到，腳就突然變成魚鰭，弟弟不但沒安慰我，還笑我變成彈塗魚。

嗚哇哇～

我也是類似的遭遇耶！
啪
啪

我也是。
我也是。
我也是耶！
竟然……
！

麻煩你說清楚一點，昨天晚上到底發生什麼事情？

昨天晚上，我和兩個朋友經過那棟鬼屋，有點喝醉了……

什麼？
獅子魚？

哈哈！你是說，海裡有一種有毒的魚叫獅子魚？

哈哈哈哈，
怎麼可能！

難不成他們獅子頭配魚鰭，是我海裡的親戚？

咦？

！！

啊～真的變成
獅子魚啦～
鏘
叩

魚鰭小檔案

名稱	魚鰭
構造	由鰭膜與鰭條組成
功能	大部分魚類用來游泳。有些魚類的魚鰭則特化出特殊的功能，像是印魚的背鰭變成吸盤、飛魚用胸鰭滑翔等。
類型	大部分的魚都擁有背鰭、胸鰭、腹鰭、臀鰭和尾鰭。其中胸鰭、腹鰭用來撥水前進或上升、下降，背鰭協助急轉、急停，臀鰭幫忙穩定身體，尾鰭則提供推進力量。

好可怕！看來那個鬼屋真有妖怪！

那我們趕快告訴大家，千萬別去 !!

「等等！別誤會！這世上沒有妖怪！」
：小博，這位是……？
：這位是我們班的導師——山羊老師。昨天，老師帶我們去鬼屋探險，突然照出一道奇怪的光，然後老師就變成這樣了！
：變成怎樣？又是去那棟鬼屋嗎？
：是的。你看，他的額頭多了一隻眼睛——第三眼！

這又是鬼屋的
光搞的鬼？

沒錯，為了安撫學生，我騙他們說這是我一出生就有的「返祖現象」。
但其實我也不知道如何解釋。

老師，你有沒有發現……

怎麼了？
是我的眼罩戴反了嗎？

不是啦～是這些來報案的動物，出現的也是「返祖現象」！

啊？你是說手腳變成鰭嗎？

沒錯！
你看～

獅子、熊、青蛙、兔子
甚至是鳥，祖先全都是
「魚」！

啊？連鳥也
有份？

借過

我也要報案！我的
翅膀也變成魚鰭了。

這些動物的四肢，都是從魚
類祖先的魚鰭演化來的。

從鰭到腳，從水中到陸地

地球的生命是從海洋中開始的。而在距今3億8000多萬年前爬上陸地的原始魚類，正是陸地上四腳動物的祖先。牠們身上有兩對左右各一的「鰭」，一對是「胸鰭」，一對是「腹鰭」。在魚類慢慢演化成兩棲類動物登上陸地時，胸鰭演化成陸地動物的「手」或「前腳」，腹鰭演化成「後腳」。這正是陸地動物擁有「四肢」的由來，其中也包括我們人類在內。

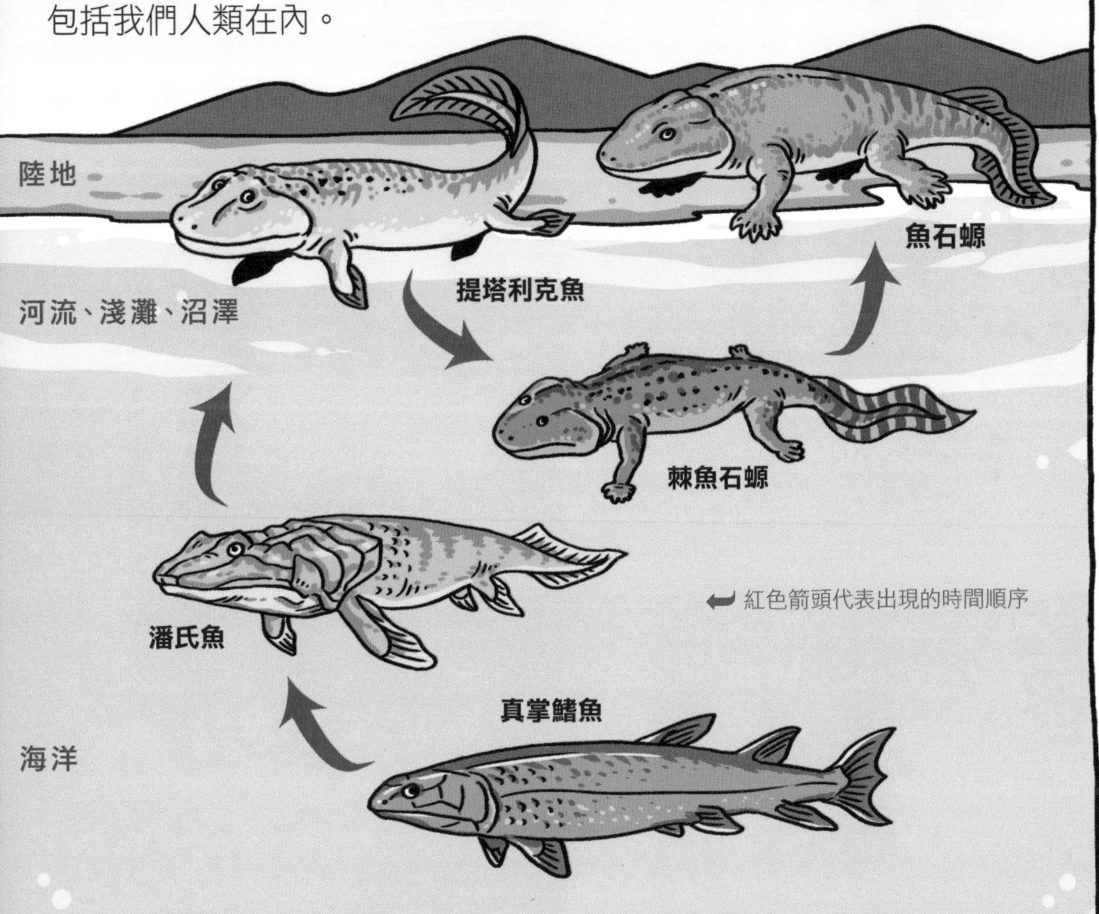

在 3 億多年前的泥盆紀晚期，海洋裡的肉鰭魚類開始慢慢演化，從鰭演化出強壯的四隻腳，變成可以撐著身體登上陸地的兩棲類（如上圖的魚石螈）。接下來，再由兩棲類演化成爬蟲類，爬蟲類演化成恐龍、哺乳類、鳥類等各種陸地動物。

科學家比對目前找到的化石，發現從魚類的胸鰭，到兩棲類動物前腳，甚至人類的手裡面，有著互相對應的骨骼。（如下圖，塗上相同的顏色）雖然它們的形狀和大小已經變得不一樣，但位置和數目卻相同，可以證明陸地動物的四肢的確是從魚類的鰭演化而來的。

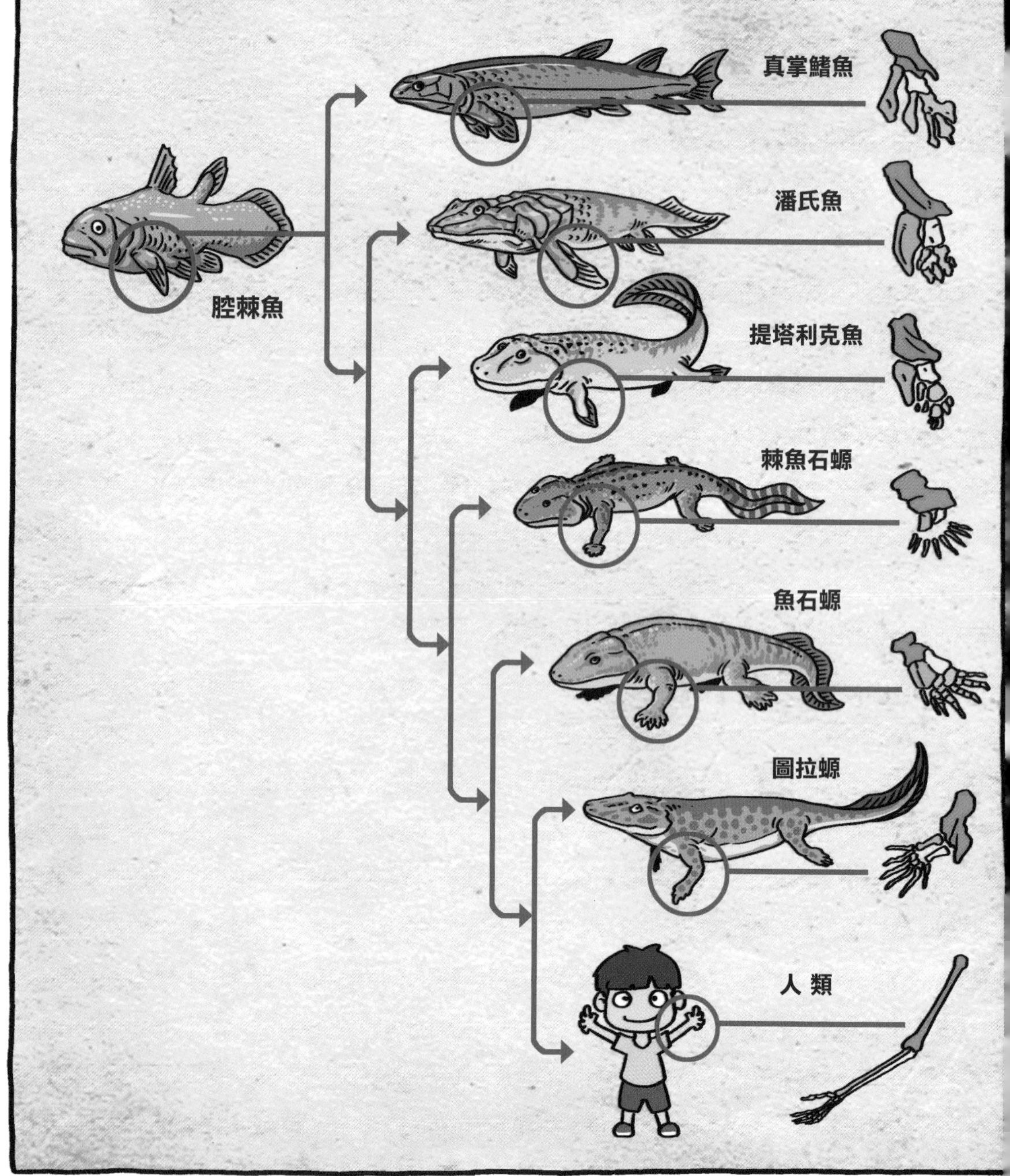

魚的胸鰭演化成手或前腳，腹鰭演化成後腳……趕緊記下來。這連我都不知道呢！
好厲害！聰明的小博果然是最懂古生物的超強小學生呢！

對了，有人還找到一副完整的化石，是3億7500萬年前的魚類——希望螈。
科學家原本以為，動物的腳趾是四足動物登上陸地以後才演化出來。
演化出腳趾
沒有腳趾

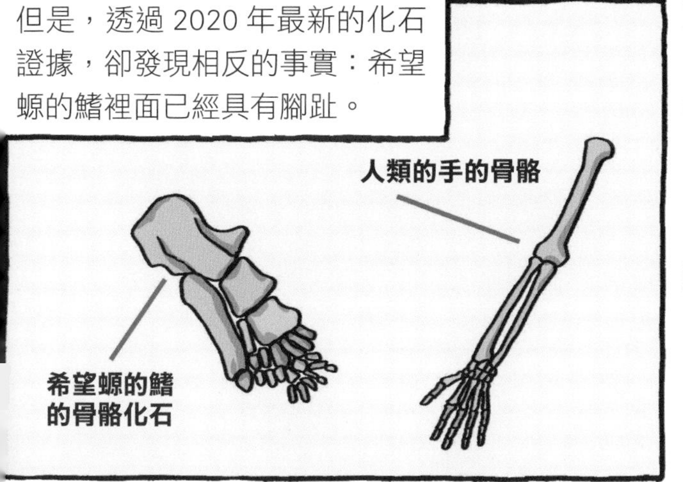
但是，透過2020年最新的化石證據，卻發現相反的事實：希望螈的鰭裡面已經具有腳趾。
人類的手的骨骼
希望螈的鰭的骨骼化石

可見魚類的鰭早在登陸前，就已經成功演化出腳趾頭囉！

：我們蝙蝠的前肢是翼，鳥是翅膀，人類是手，鯨魚則是游泳的鰭，樣子大不相同，怎麼可能都是魚鰭演化而來的呢？

：而且每種動物的腳趾頭數目都不一樣，人有五根，河馬四根，馬只有一根，這麼大的差異，真的都是從魚類祖先演化來的嗎？

：其實是這樣的：一開始成功登上陸地的四足類，腳趾分別有五根、六根或七根。但後來六根、七根腳趾的四足類都滅亡了，只剩五根腳趾的存活下來。於是五根腳趾的四足類成為所有陸地動物的共同祖先，後來其他動物的腳趾，都是從五根慢慢退化成四根、兩根或一根的。

透視動物的前肢骨頭

不同動物的前肢，形狀雖然不同，但是都是從相同的來源發育而成的。

人

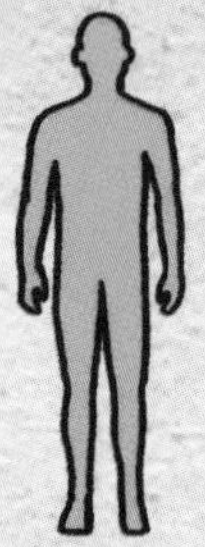

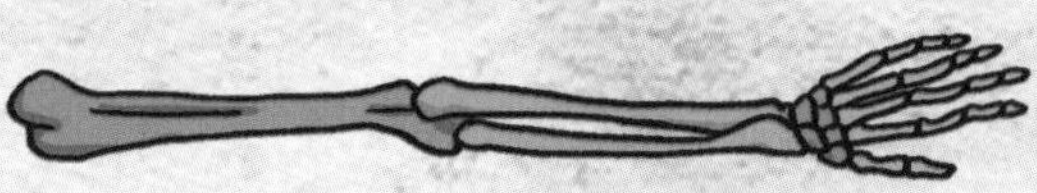

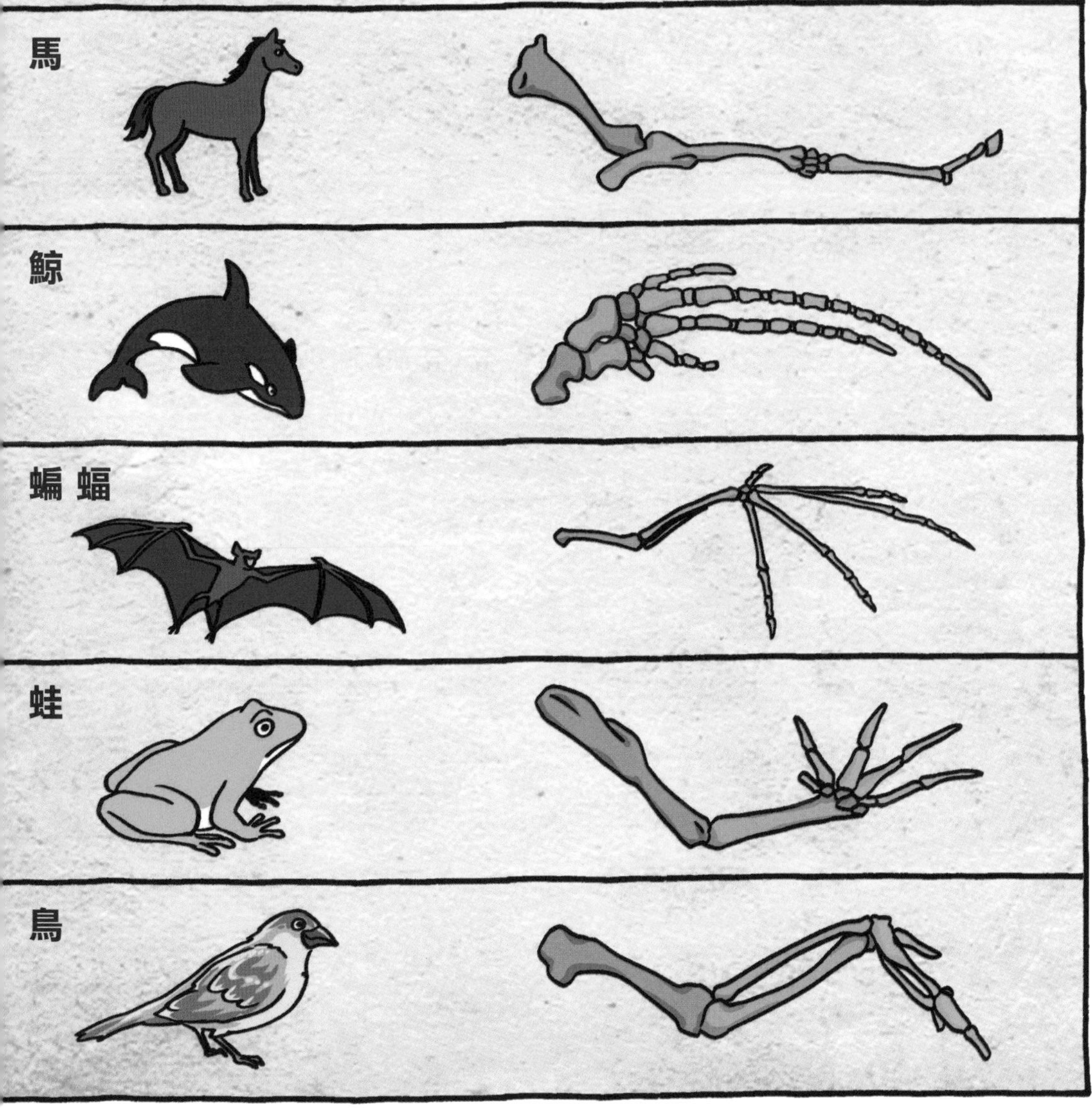

馬

鯨

蝙蝠

蛙

鳥

馬的腳趾哪裡去了？

陸地上的四足動物，一開始都擁有五根腳趾。但是為了適應不同的生活環境，各種動物演化出不同的生活方式，腳趾頭也跟著退化成不同的數目。馬的演化就是最好的例子。

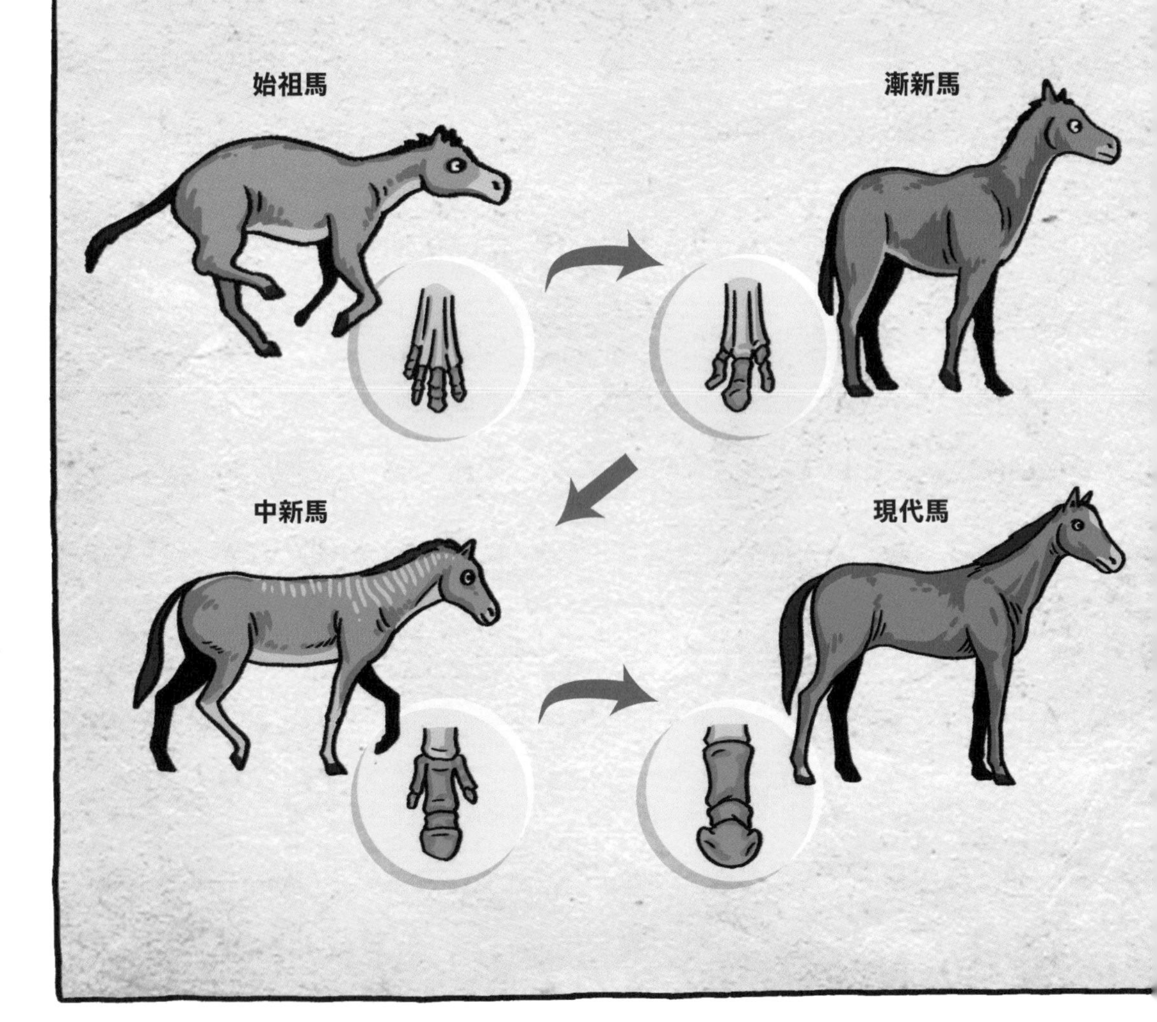

人體還有什麼是來自魚類祖先？

魚類是陸地四足動物的共同祖先，當然也是人類的祖先。仔細檢查，在人體內可以找到一些魚類留下的演化遺跡，像是……

人的耳孔從魚的鰓裂演化而來

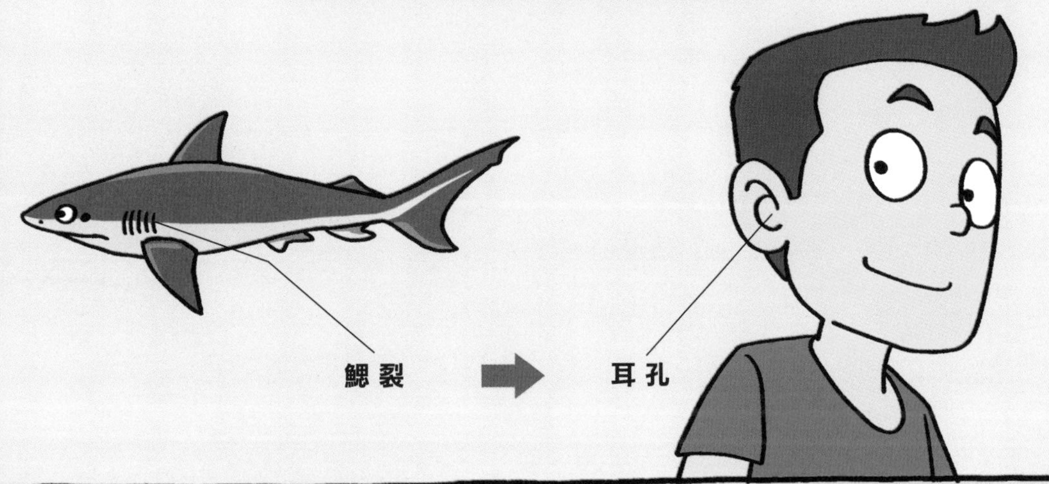

人的牙齒從古代鯊魚的盾鱗演化而來

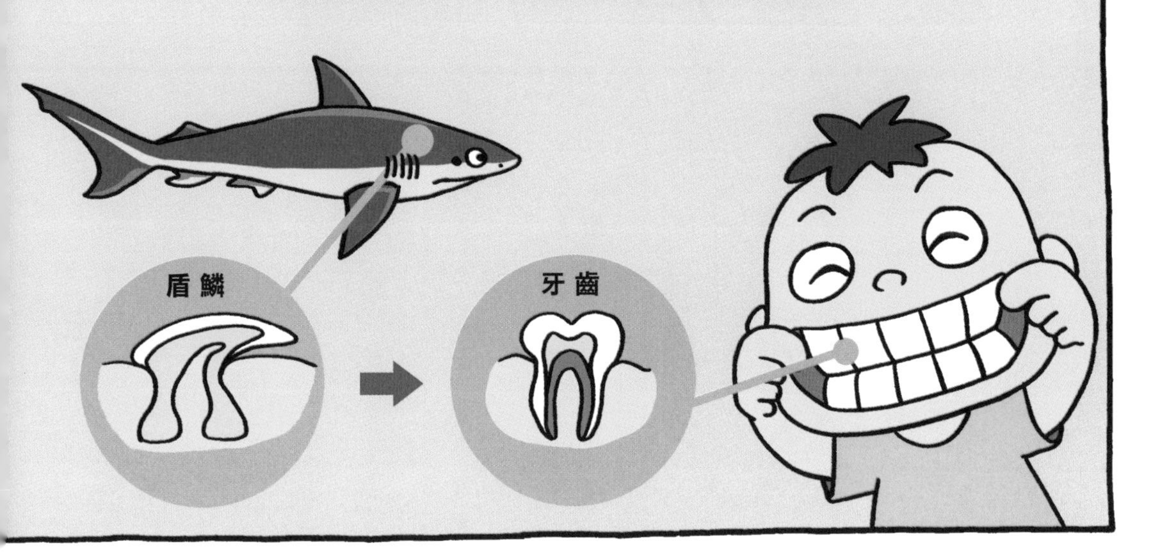

所以大家被那個光照到，
都出現類似的返祖現象。

可是，返祖現象只是我隨口亂講的……

這背後一定藏著什麼玄機，絕對不僅是巧合，我們一定可以找到原因的。

嗯～

看來，我得親自出馬，
去看看這屋裡到底在
搞什麼鬼！
叩！
鏘！
咚！

你在找什麼？
噹啷！即刻救
援防護傘！
咔嚓

遇到奇怪的光線，
防護傘會立刻把
我包起來。
什麼光都照
不到我！

哇，好聰明！

那當然，誰叫我是
宇宙第一動物警察。
啊嗟～

叩！

你們在這等我，
我進去就行了。

親愛的，要小心
喔～啾！

沒問題，
看我的！

吱——

砰

真希望達克比
別遇到鬼……

就跟你說這世界沒
有鬼，我們要相信
科學啊！
可是科學也還沒
辦法證明世界上
沒有鬼啊！

嗯？
說得也對～

啊

達克比怎麼了？
出了什麼事？

事到如今，
我只好……
砰
達克比！

我在這！下半身
遮不住啊！

嗯？

變成美「鴨」魚了！

我的辦案心得筆記

報案人：獅子

報案原因：經過鬼屋被光照到，腳就變成魚鰭了。

調查結果：

1. 魚類是陸地四足（腳）動物的共同祖先，包括人類在內。
2. 魚的胸鰭演化成四足動物的手或前腳，魚的腹鰭演化成四足動物的後腳。
3. 魚類可能是為了躲避水中的天敵，才演化出可以撐住地面往岸上逃的魚鰭。
4. 剛剛登陸的魚類祖先，有五根、六根或七根腳趾的，但是只有五根腳趾的成功演化成四足動物。這是人類為什麼有五根手指和腳趾的原因。
5. 為了適應不同的環境和生活，有些四足動物的腳趾數目退化成四根、三根，甚至一根。
6. 達克比被奇怪的光照射後，下半身變成魚，悶悶不樂的回到派出所。

調查心得：

魚兒魚兒水中游，
登上陸地不回頭。
試問陸地哪裡好？
水中天敵多又多。

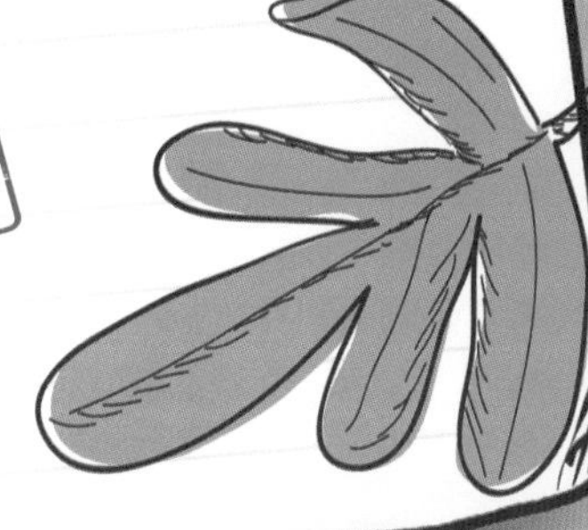

猩猩選美會
1

唧——
唧——

達克比！

開心一點嘛～
別悶悶不樂了！

要怎麼開心啊？本來是
要為民除害，現在反倒
成了受害者！

我連走路都有問題，更不可能出門辦案了。

噹啷～你看我為你準備了什麼！

嗯，很適合！
啾
猩猩選美大會就要開始了，我們也去看看！

快點快點，你的心情一定會好起來的！

哇～來了好多觀眾！
猩猩小姐選美大會

欸，聽說最近鬼屋裡的奇怪光線已經跑到外面來了！
那豈不是更多人要遭殃了？

而且晚上還在森林裡到處飄盪，就像鬼火一樣！
也太危險了吧！
嗯……

最近森林很不平靜。
大家要再更小心點！

大會報告～猩猩小姐選美大會正式開始！

啊，開始了！
快擠到舞臺前面！
噠
噠

猩猩小姐選美大會
讓我們歡迎，
一號佳麗出場～
哇～
耶～
哇～
二號佳麗！
啪 啪
哇～
接著是三號……

啊？

怎麼這麼多ㄋㄟㄋㄟ？
從來沒有看過！

啊～
不要丟我！
噓
咚
噓——

啊哈哈哈，
竟然有尾巴！

這應該是猴子選
美大會才對吧！
沒錯，猴子才
有尾巴，哈！

欸，請各位
稍安勿躁！

等等，看來裁判
有意見要說～

#＆%○＊…
嗯嗯！

好的，各位，裁判們已經做出決定。
三號小姐的體型不符合正常猩猩應有的審美標準，評審
決定取消她的參賽資格，由其他猩猩佳麗遞補上場！

哇啊啊啊！
馬～麻～～

抗議！嚴正抗議！

咻
刷！
刷！

唉唷！
砰！

哇！
真厲害。
好棒的身手！

寶貝別哭，
馬麻在這。
嗚嗚

這是陰謀，誰都不能取消我女兒的參賽資格！
啊！
怎麼會這樣？

等等！你說有陰謀要有證據，否則不許擾亂選美大會的秩序！

哼！大家聽我說，
我家女兒為了比賽，
準備睡美容覺……
上方突然飛過一道黑影，
還射出一道奇怪的光線。
咻
咻
是誰吵我睡覺？!
明天就要選美了
耶！

寶貝別氣，反正明天
的冠軍一定是你！

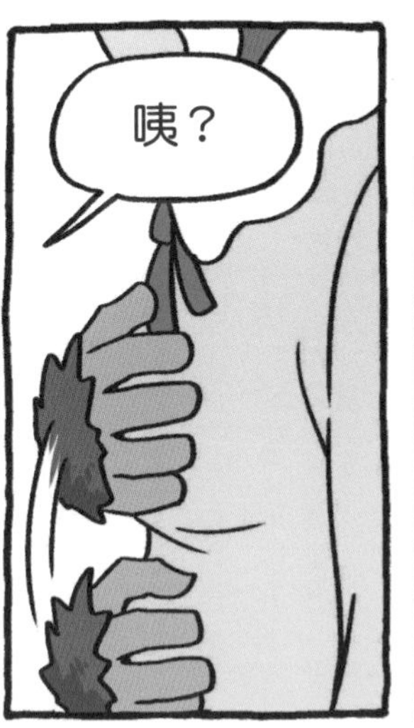
咦？

……

馬麻，你幹嘛摸
人家重要部位～

看

啊啊啊啊
結果就是我女兒突然長出一堆ㄋㄟㄋㄟ！
那傢伙一定是對手派來的！
因為他們嫉妒，原本我女兒奪冠的呼聲是最高的！

:小博你是說，猩猩小姐長出多對乳頭，也是返祖現象嗎？

:沒錯！猩猩和人類、猴子一樣，只有一對乳頭。但是他們的共同祖先，在還沒有開始到樹上生活之前，肚子的腹面是擁有多對乳頭的！

:沒錯！猩猩、猴子、人類都屬於靈長類動物，靈長類的祖先原本居住在平地，後來才開始變成樹棲生活。

:可是我不懂，樹棲生活和乳房數目有什麼關係？為什麼靈長類住到樹上後，乳頭的數目就從多對變成一對呢？

:因為乳頭生長的位置，需要讓牠們的小寶寶最方便喝奶。

動物的ㄋㄟㄋㄟ在哪裡？

為了方便自己的寶寶喝奶，哺乳動物的乳頭往往長在寶寶們最容易接近的位置。

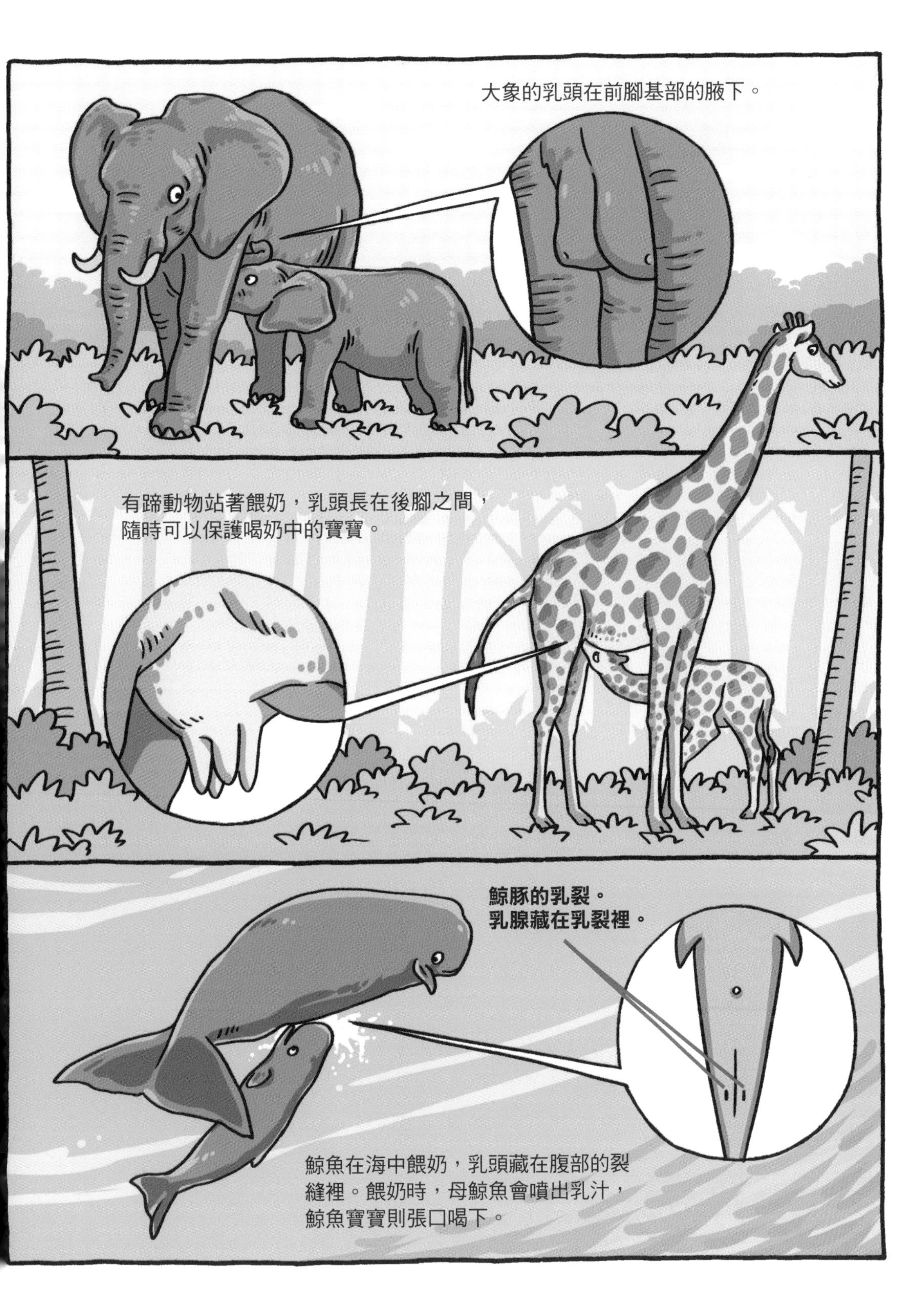
大象的乳頭在前腳基部的腋下。
有蹄動物站著餵奶，乳頭長在後腳之間，
隨時可以保護喝奶中的寶寶。
鯨豚的乳裂。
乳腺藏在乳裂裡。
鯨魚在海中餵奶，乳頭藏在腹部的裂
縫裡。餵奶時，母鯨魚會噴出乳汁，
鯨魚寶寶則張口喝下。

乳腺小檔案

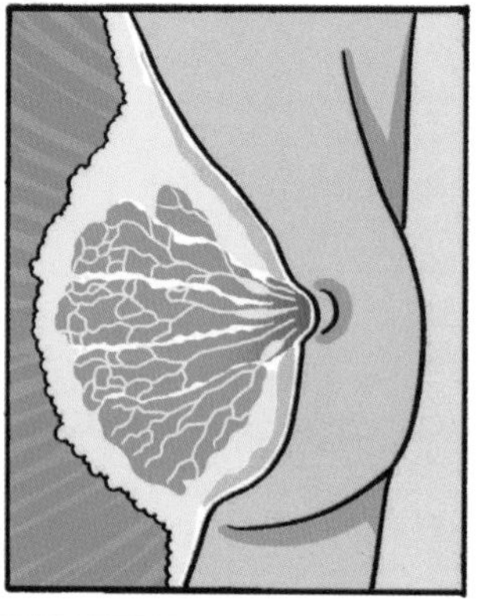
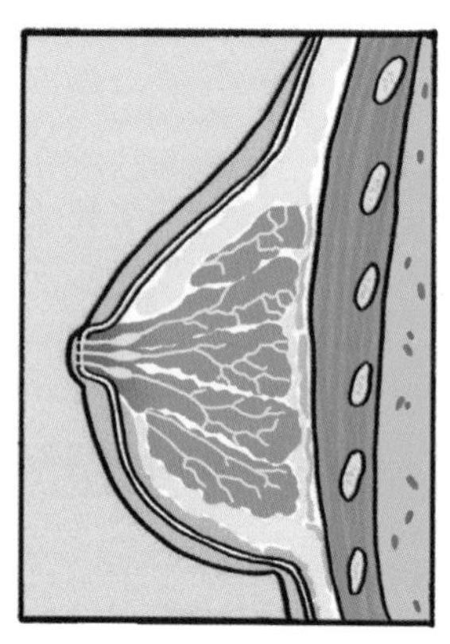

名稱	乳腺
功能	製造乳汁給小寶寶喝
擁有者	所有雌性的哺乳類動物都有乳腺，但是只有剛生產寶寶的雌性乳腺才會分泌乳汁。雄性哺乳類也有乳腺，但是不像雌性那麼發達，也沒有製造乳汁的功能。
數量	有些動物的乳腺只有一對，有些則有很多對。通常乳腺的數目越多，每胎生產的寶寶數量就越多。相反的，像人類只有一對乳腺，所以每胎大多數只生一個。

靈長類的祖先到樹上生活以後，必須把幼兒抱在胸前。

所以，只有胸前的一對乳腺保留下來，其他的都退化掉了。

可是這件事要有證據，我們才能說服猩猩小姐跟她的媽媽。

我所知道的證據，就在人類胎兒的身上。

人類應該也跟猩猩一樣，只有一對乳腺，人類胎兒不也應該一樣嗎？

不一樣。人類在母親的肚子裡發育時，曾經和祖先一樣，擁有六到八對乳頭！
胎兒臍帶、乳腺成年後的相對位置
胎兒
成人
：你確定這是人類的胎兒？怎麼長得人不像人，鬼不像鬼？
：假不了！因為他們這個時候才幾週大，臉上的五官和身體的構造都還沒有發育好，屁股上甚至還長著尾巴！
：沒有錯，人類胎兒的尾巴也是返祖現象喔！但是出生前尾巴就會消失不見，這也證明了人類是有尾動物的後代。

人類胎兒的ㄋㄟㄋㄟ發育過程

分泌乳汁的「乳腺」，是哺乳類動物最大的特徵。原始的哺乳類像是鴨嘴獸只有乳腺，沒有乳頭，所以牠們直接分泌乳汁，小寶寶是用「舔」的方法喝母奶。後來的哺乳類才演化出「乳頭」，方便幼兒用嘴巴「吸」奶。「乳房」則是人類才有的特徵。所以演化的順序是從「乳腺→乳頭→乳房」，以下就是人類胎兒乳腺數目的發育過程。

1.人類的乳腺是從表皮變化而來。在媽媽肚子裡的時候，兩個月大左右的胎兒，從兩邊的腋下到鼠蹊部的皮膚，會先出現一整條隆起，稱為「乳線」。（乳腺的「腺」是指腺體。這裡的乳「線」不一樣，是指線條的意思）

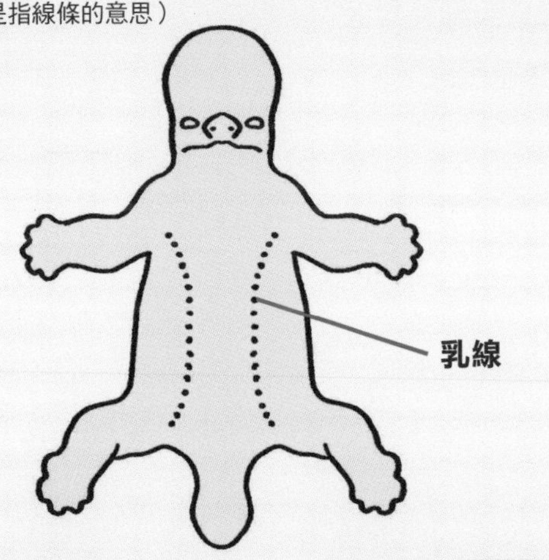

2.過一陣子以後，乳線中間許多段落的隆起會消失，只剩下幾對小山丘般的突起。

3.小山丘般的突起會深入皮膚內部，發育成真正的「乳腺」。這時候從腋下到鼠蹊，會有六到八對乳腺。

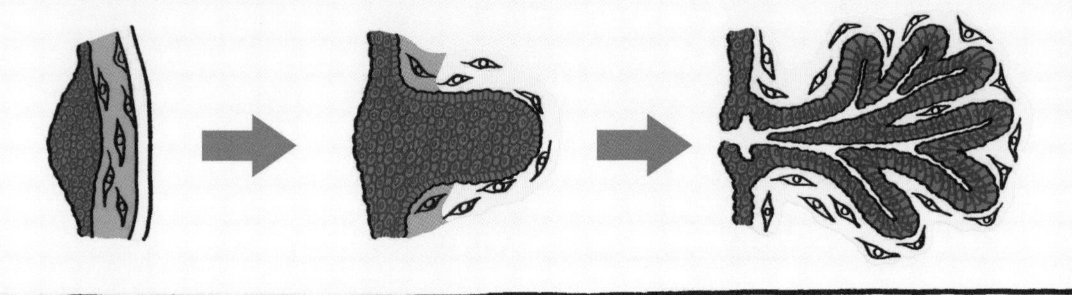

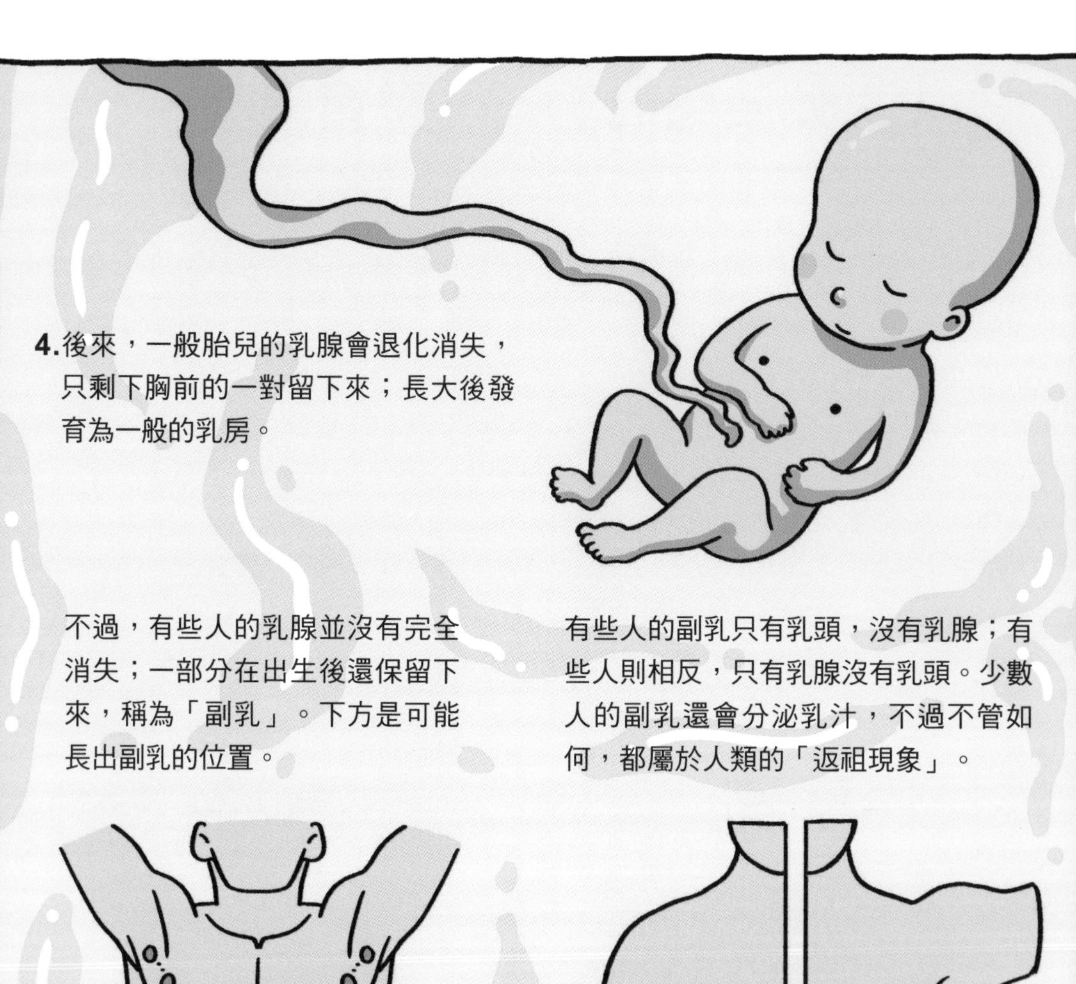

不過，有些人的乳腺並沒有完全消失；一部分在出生後還保留下來，稱為「副乳」。下方是可能長出副乳的位置。

有些人的副乳只有乳頭，沒有乳腺；有些人則相反，只有乳腺沒有乳頭。少數人的副乳還會分泌乳汁，不過不管如何，都屬於人類的「返祖現象」。

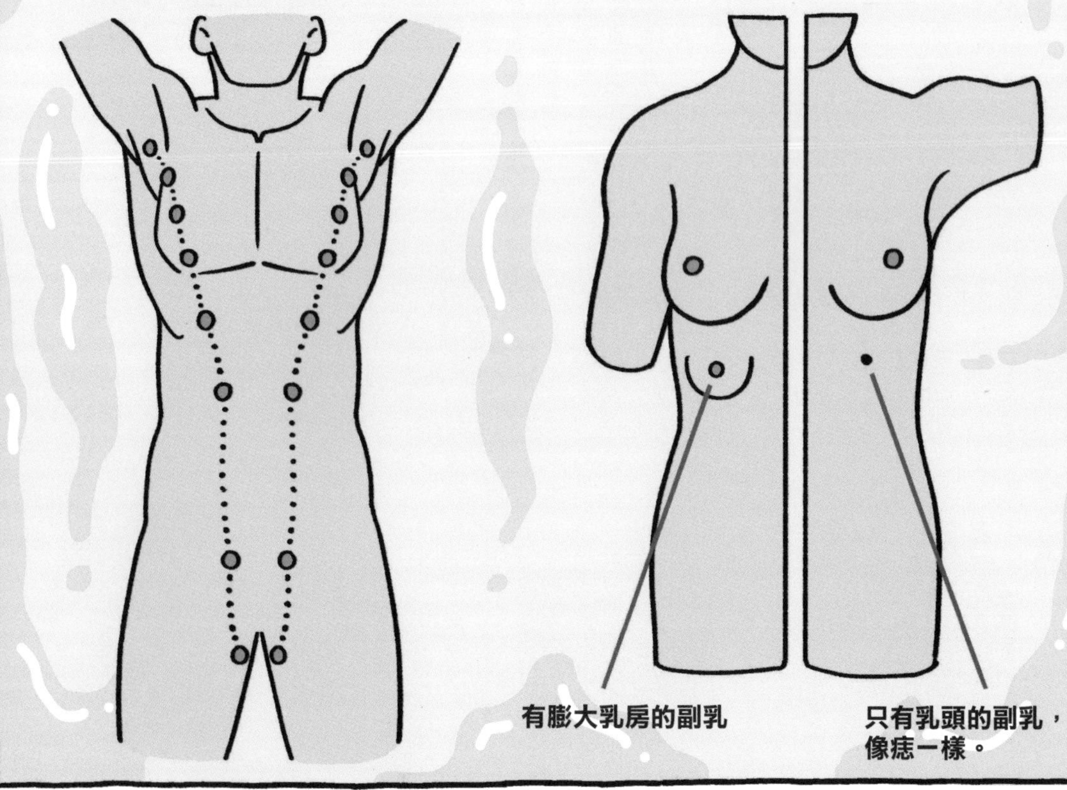

猩猩跟人類一樣，祖先也曾有多個乳房。所以照到那個光以後，出現這種返祖現象並不奇怪。

驚

又是那道光！
啊

怎麼這時候來啦?!
快逃啊！

大家別慌，
快找掩護～
趕快躲起來！

躲到椅子底下，
快！

垃圾筒蓋子給
你擋住！
丟

抖
救命，我可不想被妖怪的光照到！
抖

嗚嗚，媽媽我怕～

天哪，選美大會變得一團混亂……

就是你！

把我女兒害成這樣，我可不怕你！

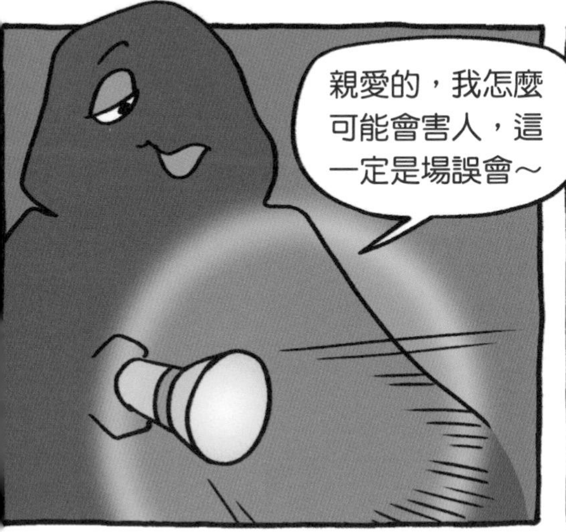
親愛的，我怎麼可能會害人，這一定是場誤會～

什麼誤會，明明就是你手上的那道光，害我女兒被裁判取消資格。說！到底是誰派你來的？

喔，這光線像天上的星星一樣燦爛。美人，如果
你不生氣，一定也像天上的星星一樣無比的閃亮動人。
你給我下來，不要在那裡裝神弄鬼！

喔不，自由來自由去，才符合我漂泊瀟灑的天性。

也許有一天，我們會再相逢。美人我走了，後會有期～

咻
咻

你給我下來！
咻
咻
咻

吼，氣死我了。
啊啊啊啊！
媽媽你……
不要啊！

他朝著鬼屋的
方向過去了。

阿美，我們快追！

沒問題，
衝啊！

叩

唉喲！

晃
砰
砰

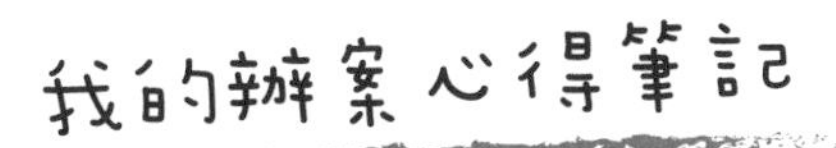

報案人：猩猩小姐

報案原因：參加選美大會前被光照射，長出多對乳頭。

調查結果：

1. 哺乳動物都擁有「乳腺」，用來製造乳汁哺育後代。

2. 不同的動物，乳腺的位置不同，大多長在自己的寶寶方便喝奶的位置。

3. 猩猩、猴子、人類等靈長類因為習慣把寶寶抱在胸前，所以乳腺長在胸部。

4. 靈長類的祖先在地面生活，所以從腋下到鼠蹊部長多對乳腺，但開始在樹上生活後，只留下胸部的一對乳腺。

5. 人類胎兒原本有六到八對乳腺，出生前則退化到只剩下一對。有些人出生後還留著部分的乳腺，叫做「副乳」。副乳是一種返祖現象。

6. 達克比和阿美追到鬼屋，小博和山羊老師也一起跟來。

調查心得：

一二三四五六七，七對ㄋㄟㄋㄟ在哪裡？
七六五四三二一，只剩一對不多餘。

關鍵時刻

刺客追追追

嗚嗚
嗚

吱——

嗯，沒有人。
刷

奇怪，明明剛才那壞人往這個方向走的……

噠
噠
噠

噓，你們聽，樓上有腳步聲！

噠
噠
噠
噠

我上去！把我的
達克比變成這樣，
決不饒他！

不不，還是讓我上去
比較安全！
老師，我跟你
一起上去！

扣
扣
扣

我去！

我身為一個動物
警察，何況……

我下半身已經
變成這樣，
萬一他又亂照光，
也沒差了吧！

這樣真的
好嗎？
扣
扣

扣
扣

咦？
噠

噠
噠

鏘

唉喲！

看我的！

你是誰？
我才要問
你是誰！

呃啊！
砰

啪！
刷！

啪
咚
砰

達克比！
啊，好亮！

啊？是你！

達克比！
團長？

你怎麼變成
這樣？
我也很想
知道啊～
啪
：最近我們森林亂成一團，都是從這幢鬼屋開始……
：是啊！先是山羊老師被一道神祕的光照到，莫名其妙長出第三眼；然後一堆動物手腳變魚鰭，猩猩小姐長出多對ㄋㄟㄋㄟ；就連達克比進到鬼屋調查時，下半身也變成魚！
：啊？全都是因為那道奇怪的光？
：沒錯。這光不知道打哪來，剛才我們追蹤一個嫌犯追到這兒，不知道團長有沒有發現可疑人物？
：可疑人物我不清楚，不過倒是知道光是從哪裡來……

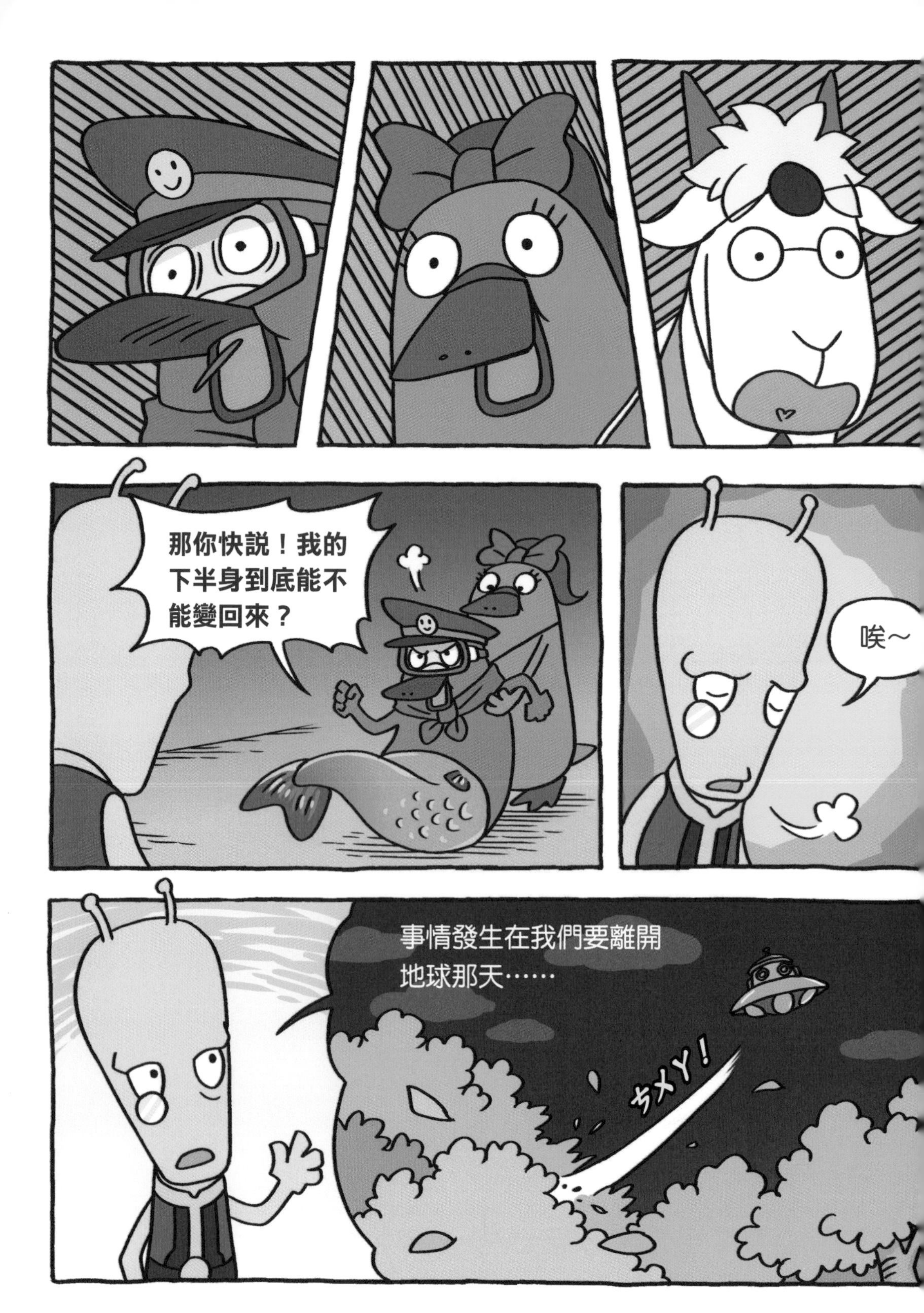
那你快說！我的
下半身到底能不
能變回來？
唉～
事情發生在我們要離開
地球那天……
ㄘㄨㄚ！

這次的任務告一段落！我們回黏巴答星球吧！
是的！遵命！

可是老大，那你弟弟這個「超能返祖射線」該怎麼辦啊？

哼，害人不淺的東西，不要了！

那我把它丟掉。

我說不要，但
沒叫你把它丟
出去啊！
啊？
那怎麼辦？
能怎麼辦？
過幾天再回
來找吧！

對對對，回去
黏巴達要緊～

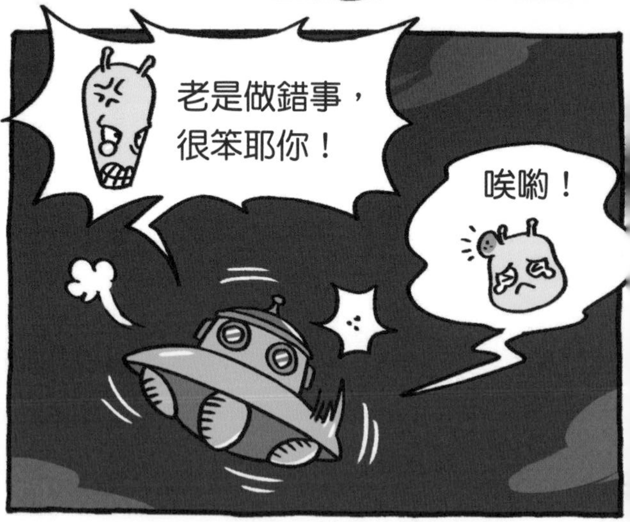
老是做錯事，
很笨耶你！
唉喲！

快點走，我媽在
等我們吃飯啊！
好！全速前進，
Let's Go ～
咻

咻

啪

咚

匡
啷

扣

啪

：這屋子裡的綠光，就是這麼來的。
：原來真的是團長弟弟的「超能返祖射線」，我還以為你們把它帶回黏巴達星球了。
：難怪照到光的人都跟我那個時候一樣，變回祖先的模樣（見第九集最後）。
：真不敢相信，原來外星科技真的存在……
：可是現在，返祖射線不知道被誰拿走了？可憐的達克比，下半身能恢復原狀嗎？
：包在我身上。為了以備不時之需，你們看我從黏巴達帶來了什麼？

箱子發出的進化射線跟返祖射線剛好相反，
可以讓達克比的下半身恢復成原來的樣子喔！

太好了！

親愛的，你有救了！

達克比來當第一個實驗品……

呃不，是示範品啦～

準備開始囉！大家可以仔細觀察。

轟隆
扣漏
扣漏
轟隆

砰！

啊？達克比變成蠑螈了！

別急，還沒完。魚類大概出現在3億多年前，
魚鰭變成腳，先演化成兩棲類沒有錯啊！

真精采！這是魚類登上陸地的開始，
待會一定還會繼續演化！
咔嚓
咔嚓

轟隆
扣漏
轟隆
扣漏

砰！

魚類變成兩棲類，又變成爬蟲類了！

爬蟲類演化出可以防水的卵，叫做「羊膜卵」，可以真正離水
生活。不像兩棲類的卵不能防水，只能在潮溼的地方產卵。

轟隆
扣漏
扣漏
轟隆

砰！

人類是怎麼來的？

人類是哺乳類，也是脊椎動物的一員。看看下圖就知道，脊椎動物的演化順序，是魚類演化成兩棲類，兩棲類演化成爬蟲類，再演化成哺乳類。而至於另一種常見的脊椎動物——鳥類呢？牠們是恐龍的後代，也是爬蟲類的後代喔！

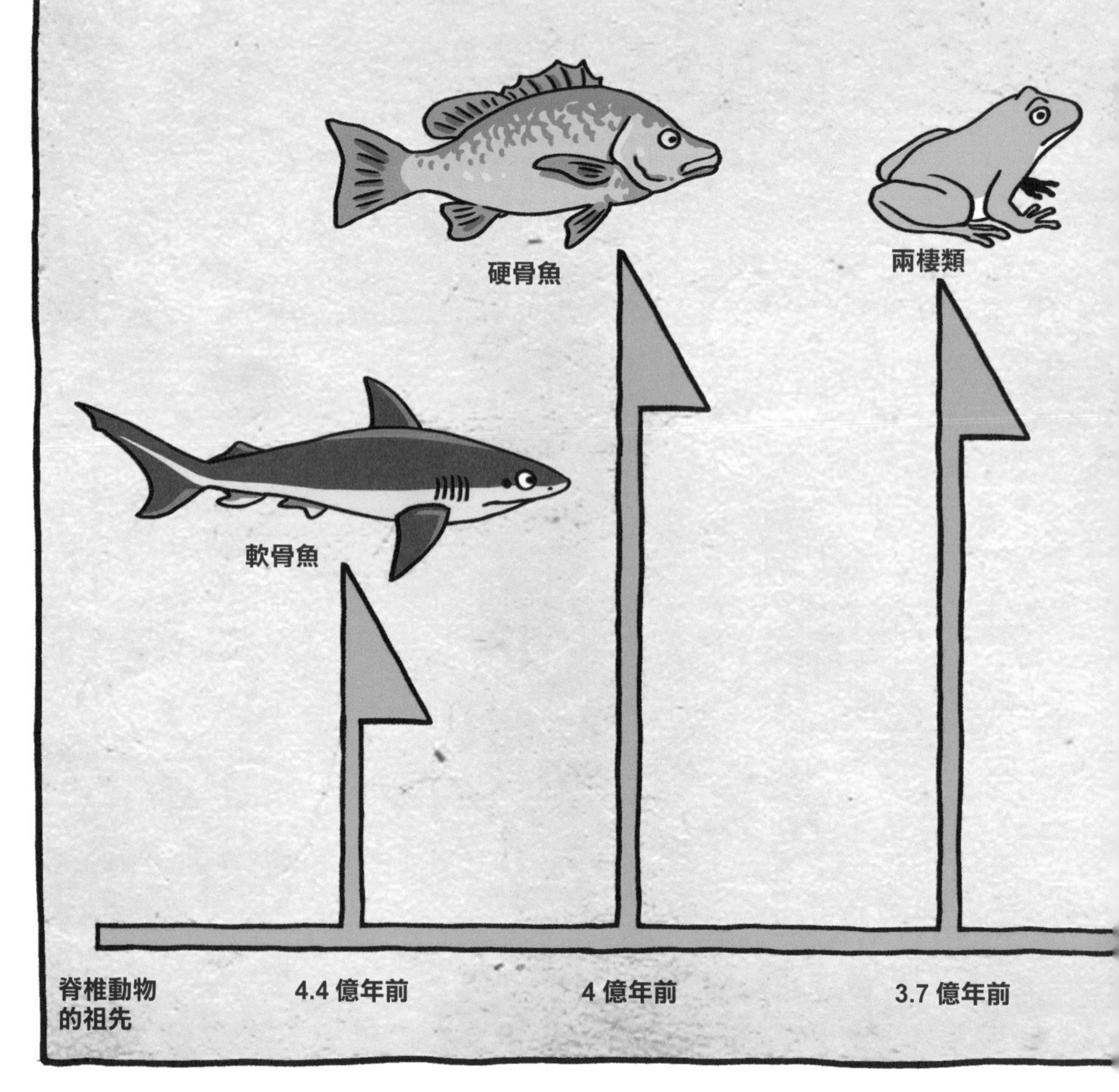

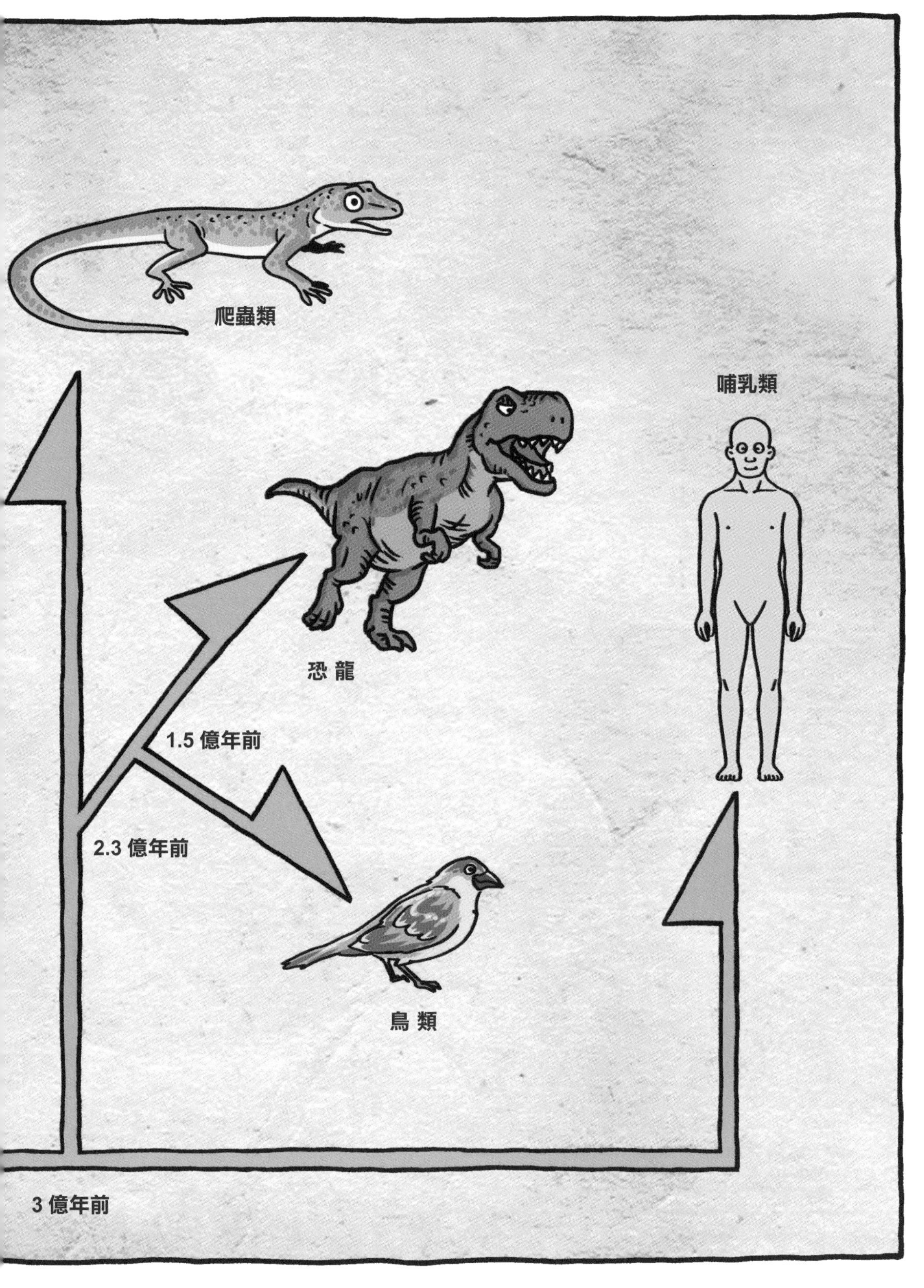
爬蟲類
哺乳類
恐 龍
1.5 億年前
2.3 億年前
鳥 類
3 億年前

耶，達克比就要
變成恐龍了！
吼～吼～吼～
：不可能！達克比是哺乳類，不是鳥類！哺乳類是由爬蟲類演化而成的，鳥類才是恐龍的後代。
：你們看，達克比演化成早期的哺乳類了！跟爬蟲類長得很像，但是身上長毛～
耶！
我的達克比，終於
變回來了！
啾

這機器真是
不簡單！
傑作！

嘿嘿，團長先生，
接下來應該輪到我
了吧！

?!

這是什麼光線？
怎麼這麼亮？

是團長的飛碟！
大家出去
看看！

抓到了！
超能返祖射線
在他手上！

啊？羅賓漢！

正是帥氣的
在下我。
刷

美人，有什麼需要
為你服務的嗎？

快說，你手上為什麼
有那個手電筒？是誰
給你的？

No No No，不是
誰給我的……

是在我到鬼屋勘查時，剛好在地板上撿到的。

我在森林行俠仗義，剛好少了這麼一把手電筒。

所以我把它帶在身上，晚上在森林穿梭時就能派上用場。
咻
你不覺得這光在夜裡特別美嗎？

難道你沒發現其他動物很怕這道光？
它會讓大家變回祖先的模樣，就像達克比變成魚一樣。

怎麼可能？！一把小小的手電筒竟然能作弄別人的命運？

不信的話，我照給你看！
刷

呃

啊～

羅賓漢怎麼消失不見了！

哼!

小姐，你開到最強模式了。

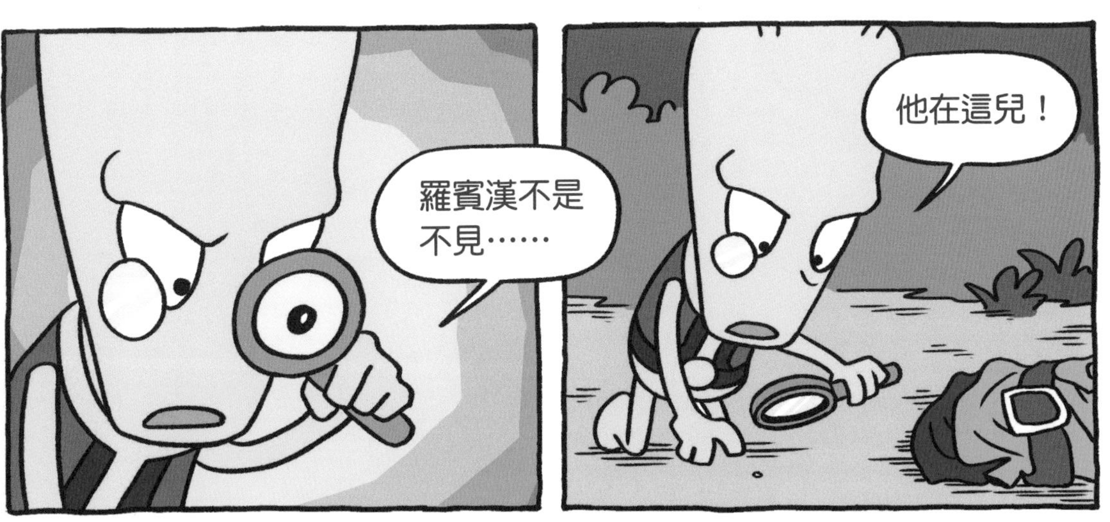
羅賓漢不是
不見……
他在這兒！

啊！變成鼻屎了！

羅賓漢聽到
請回答！

不是鼻屎～他退化成
所有動物的祖先——
伊卡拉蟲了！
嗚嗚，
救命！

伊卡拉蟲小檔案

姓 名	伊卡拉蟲
學 名	*Ikaria wariootia*
生存時間	5.5 億年前
體型與大小	肉色蠕蟲狀，長度 2 到 7 毫米。
特 色	是世界上最早的「兩側對稱」的生物。科學家在澳洲南部的岩層中找到它們的化石，大小外形像米粒，身體一端比另一端稍微粗厚，靠著伸縮肌肉前後移動以及鑽土。科學家推測，伊卡拉蟲很可能是人類及現代大多數動物最早的共同祖先。

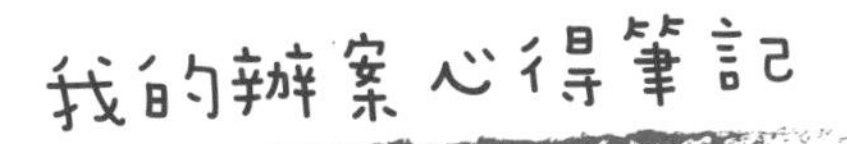

報案人：無

辦案原因：追蹤嫌犯，巧遇外星團長

調查結果：

1. 脊椎動物是擁有脊椎骨的動物家族。包括魚類、兩棲類、爬蟲類、鳥類和哺乳類。

2. 人類屬於哺乳類，也屬於脊椎動物。哺乳類的演化順序是魚類→兩棲類→爬蟲類→哺乳類。而鳥類也是由爬蟲類演化而來的。

3. 目前發現最早的「生物」是 37.7 億年前的一種細菌。而最早的「動物」則是 5.5 億年前的伊卡拉蟲。

4. 達克比順利變回原狀，變回來後第一件最想做的事，就是抱著阿美開心的跳舞。

調查心得：

動物的歷史，
真是這樣子？
一晃五億年，
真相問化石。

貪心美人計

在哪裡？
在哪裡？

聽說警察帶來一個厲害的箱子，只要進去照一下就可以恢復正常。
就是那個箱子對嗎？

沒錯！要趕快去排隊，現在已經大排長龍了！

下一位！獅子先生。

咳咳，有點緊張。

不用擔心，照個光就好了。

轟隆
扣漏
扣漏
轟隆
砰！
我變回來了！
哇！好厲害～
下一位。
換我！
老師加油！
扣漏
轟隆
轟隆
扣漏

砰！

第三眼
不見了！
耶！恭喜
老師～

媽媽，這個設備
好神奇喔！

聽說是來自外星
人的超高科技，
裡面會發出
「進化射線」。

進化射線？

下一位輪到誰？

我！

呃不是啦，
是我女兒。

你插隊！
明明是我們先來的。
等很久了耶！

不好意思，我們趕時間，可不可以商量一下？

因為猩猩選美會今天正好重新舉行……

我可憐的女兒被
判出局。
哇

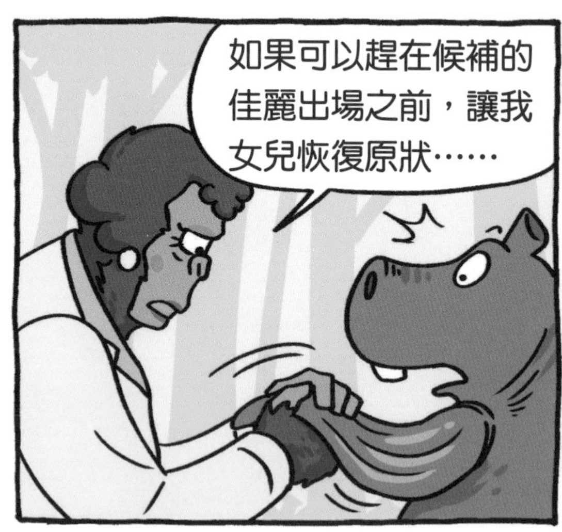
如果可以趕在候補的
佳麗出場之前，讓我
女兒恢復原狀……

我們說不定就
可以重返榮耀，
拿到冠軍！

拜託大家了！

太太你的心情我
了解，可是……

沒關係，我同意
讓她先。

我也同意。
我也是。

太好了！大家都是好心人，先謝過大家～

來，寶貝快進去。

我不想讓別人看到我的ㄋㄟㄋㄟ，
可以用布幕把窗戶遮起來嗎？

當然可以，我來拉上窗簾！
刷

對了，越進化應該會越好吧，我來幫寶貝「加強」一下，嘻嘻。

MAX

好了沒？
要開始囉！

沒問題，請你們
開始吧！

劈
滋
滋
劈

奇怪？聲音有點
不一樣……

噗！

噗！

砰！

好了～猩猩小姐可以出來了。下一位！

奇怪，為什麼沒有動靜？

難道設定錯了嗎？
我檢查看看……

啊！

發生什麼事？

有人多按了一個按鈕。猩猩小姐恐怕……

奇怪，我們都沒動啊？
我也沒有。

啊啊啊啊！

馬麻～
嗚嗚嗚……

寶貝別哭，發生什麼事了？
快出來給我看看！

我不要！
刷

沒關係。媽媽拿布給你遮著，別人不會看到。
好。

喏，給你。

那我開門囉！
不用，我自己走出去。

：團長，你說有人多按了一個按鈕，到底是什麼按鈕？

：是「從人猿演化為人類」的模式被啟動了。

：你的意思是說，人類就是現代的猩猩演化而成的嗎？

：不是，千萬別誤會。人類是「古代」的類人猿演化而來。人類和現代的猩猩曾經有過共同的祖先。只是這個按鈕是強制模式，不管哪一種猩猩都會被進化成人類。

：哇，科學家都說人類是由類人猿演化而來的，沒想到我們親眼見證了。

沒關係，現在最重要的是衝去選美現場要緊。

刷
來！寶貝。

我們快走。

現場的朋友們，原本的三號小姐
先前被裁判取消資格，由候補的佳麗上場，所以接下來讓我們歡迎……

等一下！

人類為什麼用兩腳行走？

人類較早的祖先居住在非洲，像猿猴一樣在樹上活動，過著「樹棲」的生活。當時非洲的天氣跟現在大不相同，溫和、潮溼、有著大片的雨林。雨林的樹上有大量的果實可以吃，人類的祖先不需要下到地面討生活。這樣的日子過了很久，大約在距今1000萬～500萬

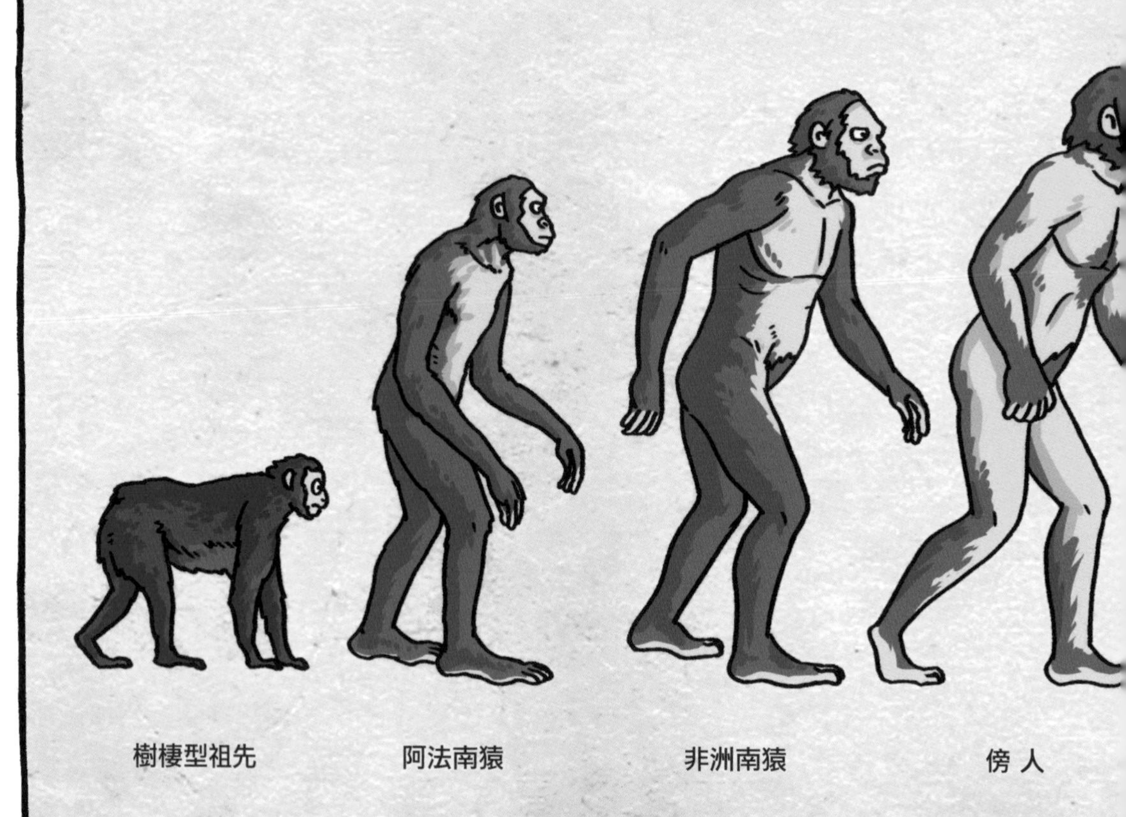

年前，天氣產生了巨大變化，非洲漸漸變得寒冷、乾燥，雨林越來越小，樹上的水果也變得稀少，人類的祖先必須下到地面，才能找到足夠的食物；所以慢慢發展出直立、兩腳行走的體型，這樣才能空出雙手，在地面一邊行走、一邊採集食物。

巧 人　　直立人　　智人（現代人）

人類的毛髮為什麼退化？

黑猩猩是跟人類親緣關係最接近的現代動物。人類的毛髮密度其實和黑猩猩一樣，只是每根毛髮非常細小，所以露出皮膚，看起來像沒長毛髮似的。人類毛髮退化的原因，也是為了適應平地生活。因為人類的祖先在平地上尋找食物時，很容易被其他猛獸吃掉；但是大部分的猛獸無法在中午到午後的豔陽下活動，所以人類的祖先演化出發達的汗腺和裸露的皮膚，使得人類能用流汗散熱，就能趁著其他猛獸在躲太陽的時候，出外覓食。

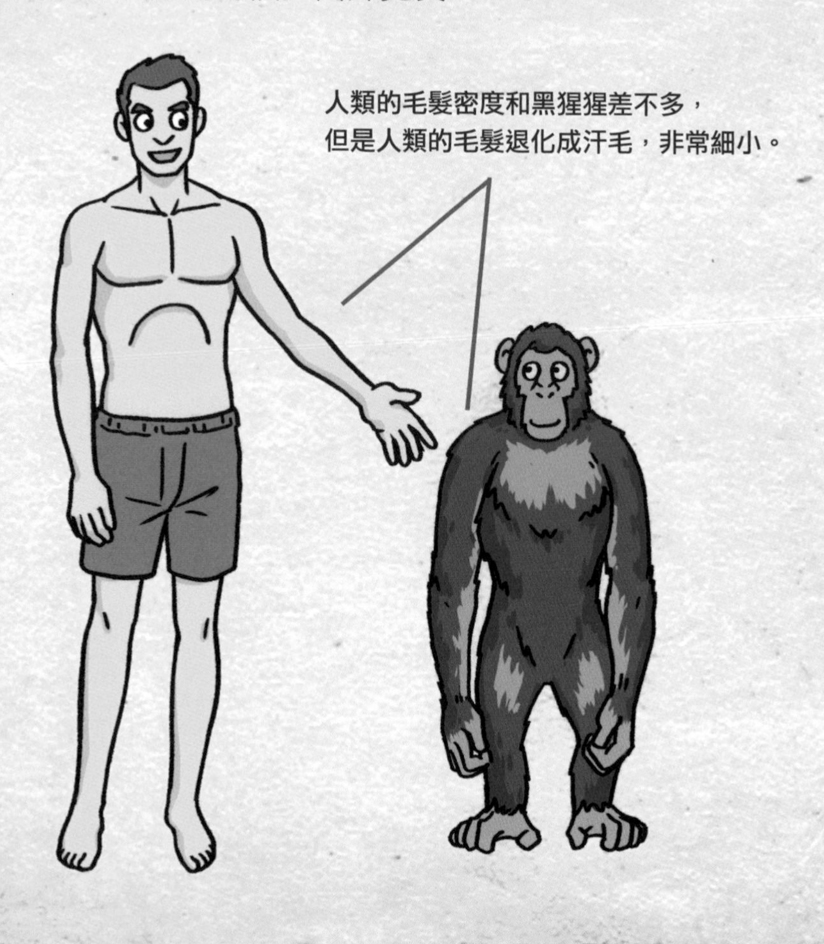

人類為什麼沒有尾巴？

人類的祖先原本是有尾巴的。但是，大約距今1800萬～1700萬年前，人類祖先的尾巴消失不見。人類的胚胎發育過程可以證明。因為4到5週大的人類胎兒，不但擁有尾巴，尾巴裡還有10到12塊尾椎骨。但是過沒多久，大約6到12週時，這一截尾巴就會慢慢退化，直到消失不見。

至於，為什麼我們的祖先尾巴會消失呢？有人認為可能尾巴會妨礙牠們平穩的坐在樹上，也有人認為牠們的骨盆肌肉無法同時支撐內臟又同時運動尾巴，所以直立行走後尾巴就乾脆退化不見。這個問題目前還沒有明確的答案。

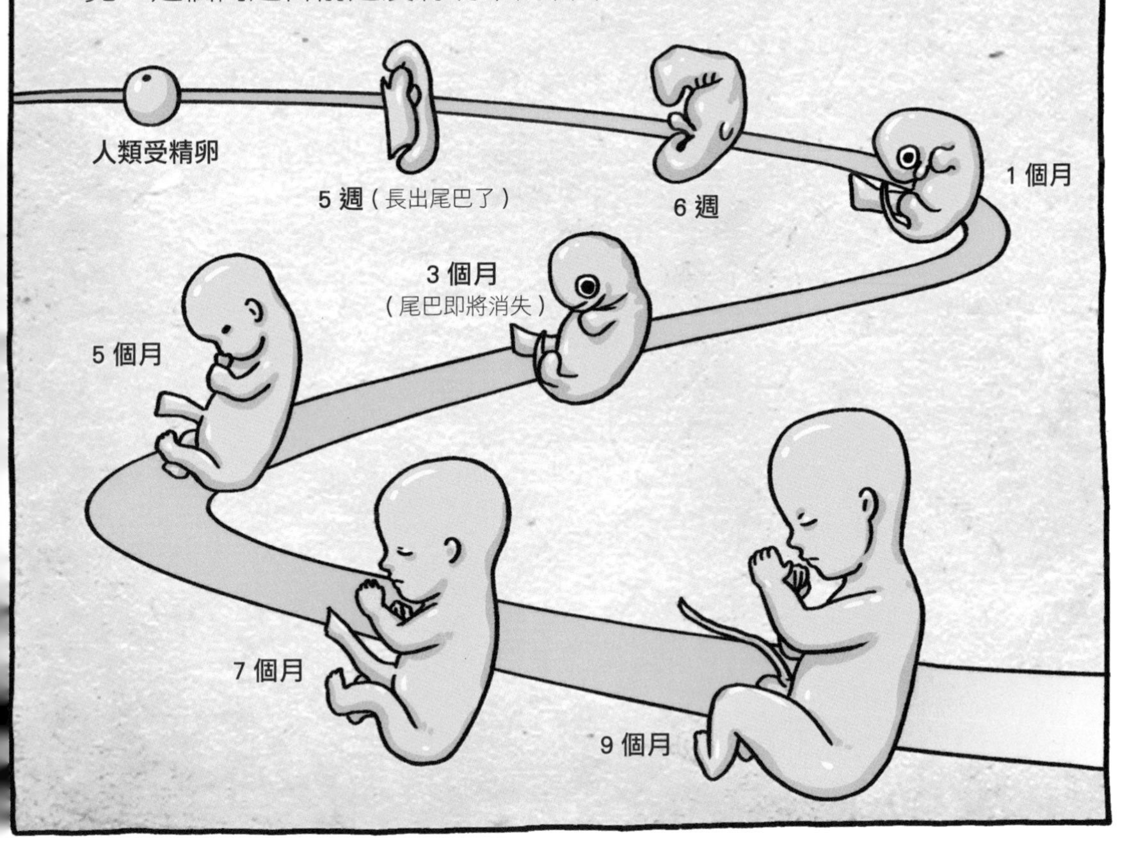

啊？！

刷！
刷！
刷！

又是你！
磅！

哇，比上次還要厲害！
啪
啪

主持人，我女兒的問題已經解決了！
應該恢復我們的比賽資格！

刷！
哇～～～

這是人類，
又不是猩猩。
什麼嘛！

咚
鏘
噓～～～

嗯？裁判好像又有意見了。
……

裁判這邊做出判決。三號佳麗的毛髮稀疏，像人一樣直立走路，不符合猩猩的審美標準，再次決定取消資格！

怎麼可以這樣？

變成像人類有什麼不好，目前演化最先進的可是人類耶！

噓～
鏘
噓～

我的女兒這麼特別，一定能打敗對手，贏得冠軍！

媽媽，算了，我也不想比賽了……
拉
拉

為什麼？我們好不容易才趕到這裡。

因為……
人類真的好醜啊～ 嗚哇——

我的辦案心得筆記

報案人：猩猩選美會主持人

報案原因：猩猩媽再度大鬧會場

調查結果：

1. 人類是由古代的類人猿演化而來的，不是現代的猩猩或猴子。

2. 人類的胎兒曾經長著尾巴，但是在出生前退化消失。這代表人類的祖先曾是有尾巴的動物，可是尾巴為什麼要消失呢？目前還沒有答案。

3. 人類祖先為了避開凶猛的野獸，演化出汗腺和裸露的皮膚。因為這樣能夠流汗散熱，有利於在大太陽下活動，和其他猛獸的活動時間錯開。

4. 猩猩小姐覺得人類很醜，不想成為人類的模樣。終於在返祖射線筒的幫助下，恢復成猩猩毛茸茸的樣子。猩媽則是照了進化射線、恢復正常，但還是因為女兒沒有參賽而悶悶不樂。

心得：

魔鏡啊魔鏡，
世上誰最In？
人類別驕傲，
演化無止盡。

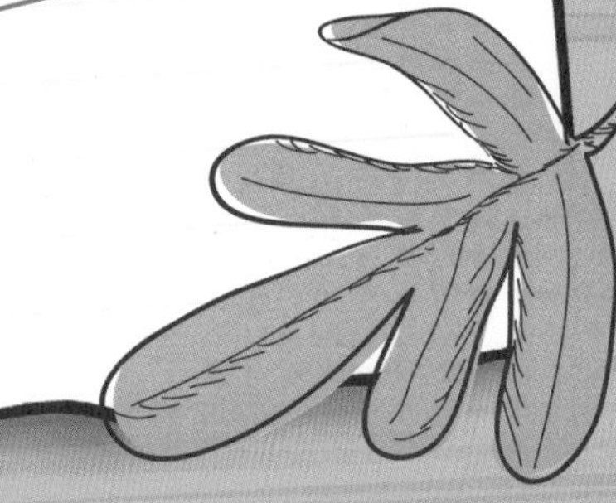

最 In：「新潮、走在時代尖端」的意思。

下集預告

趴哥警官是誰？達克比和阿美在荒涼的沙漠又會發生什麼事呢？　**請看下集分解**

小木屋派出所新血召募
想和動物警察達克比一起出任務嗎？來個理解力大考驗，測試自己的辦案能力吧！

拿出達克比辦案的精神，

1 **右邊是人體的構造，各是來自於左邊魚類祖先的哪個構造？請連上正確的對應。**

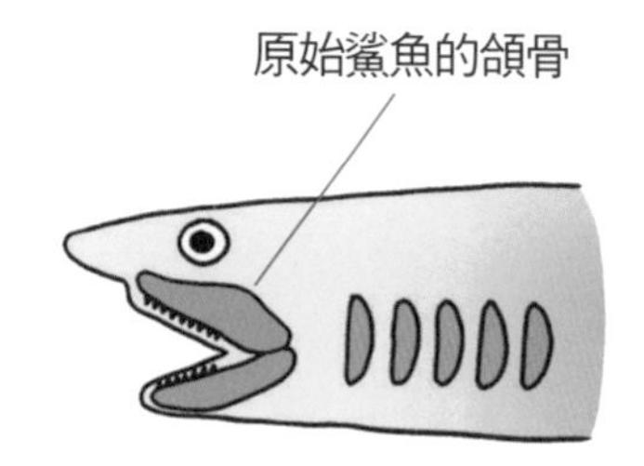

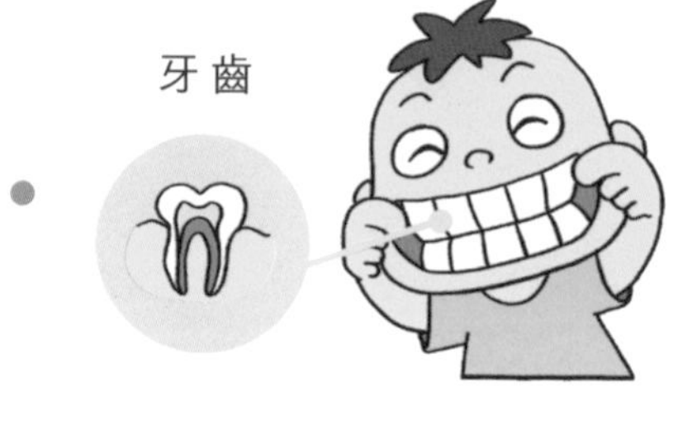

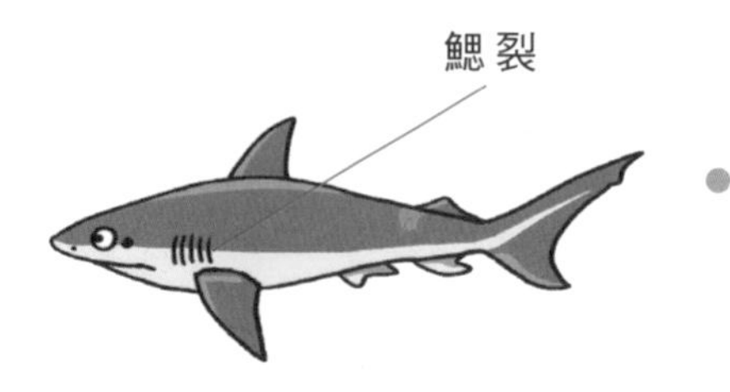

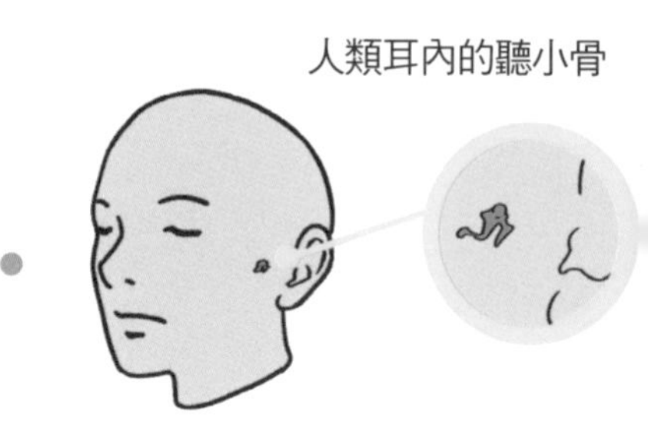

請找出下列題目的正確答案。

2 動物的ㄋㄟㄋㄟ生長位置有道理！下列何者敘述錯誤？

答：______________________

❶ 豬習慣橫躺著餵奶，所以乳頭長在腹部的位置。

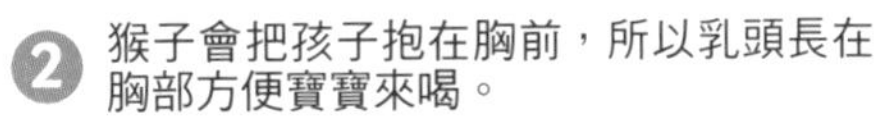

❷ 猴子會把孩子抱在胸前，所以乳頭長在胸部方便寶寶來喝。

❸ 乳頭會隨著不同動物的喜好隨意生長。

❹ 為了保護喝奶中的寶寶，所以有蹄動物的乳頭長在後腳之間。

3 達克比驚險的變成美「鴨」魚，最後終於成功變回來了！請排出他變回來的順序。答：______________________

❶ 哺乳類

❷ 魚 類

❸ 爬蟲類

❹ 兩棲類

解答篇

1

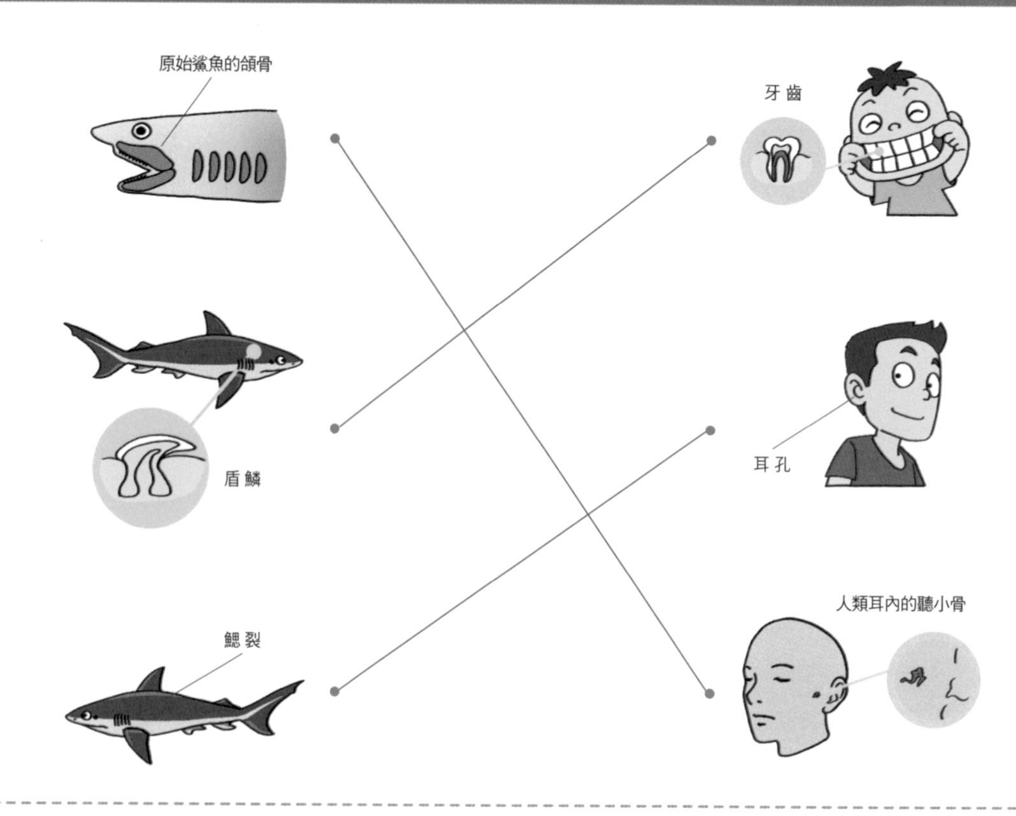

2

❸ 乳頭會隨著不同動物的喜好隨意生長。

3

● 你答對幾題呢？來看看你的偵探功力等級

答對一題 ☹ 你沒讀熟，回去多讀幾遍啦！

答對二題 ☺ 加油，你可以表現得更好。

答對三題 ☻ 太棒了，你可以跟達克比一起去辦案囉！

多讀達克比，你以後
就可以跟我一樣變成
厲害的動物專家喔！

達克比辦案⑩

鬼屋美人魚 人類構造的演化與返祖現象

作者	胡妙芬
繪者	柯智元
達克比形象原創	彭永成
責任編輯	林欣靜、張玉蓉
美術設計	蕭雅慧
行銷企劃	劉盈萱
天下雜誌群創辦人	殷允芃
董事長兼執行長	何琦瑜
媒體暨產品事業群	
總經理	游玉雪
副總經理	林彥傑
總編輯	林欣靜
行銷總監	林育菁
主編	楊琇珊
版權主任	何晨瑋、黃微真
出版者	親子天下股份有限公司
地址	臺北市 104 建國北路一段 96 號 4 樓
電話	（02）2509-2800
傳真	（02）2509-2462
網址	www.parenting.com.tw
讀者服務專線	（02）2662-0332 週一～週五：09:00~17:30
讀者服務傳真	（02）2662-6048
客服信箱	parenting@cw.com.tw
法律顧問	台英國際商務法律事務所 · 羅明通律師
製版印刷	中原造像股份有限公司
總經銷	大和圖書有限公司 電話：（02）8990-2588
出版日期	2021 年 8 月第一版第一次印行 2024 年 7 月第一版第十六次印行
定價	320 元
書號	BKKKC182P
ISBN	978-626-305-048-8（平裝）

訂購服務

親子天下 Shopping ｜ shopping.parenting.com.tw
海外・大量訂購｜ parenting@cw.com.tw
書香花園｜臺北市建國北路二段 6 巷 11 號 電話：（02）2506-1635
劃撥帳號｜ 50331356 親子天下股份有限公司

國家圖書館出版品預行編目資料

達克比辦案 10, 鬼屋美人魚：人類構造的演化與返祖現象 / 胡妙芬文；柯智元圖. -- 第一版. -- 臺北市：親子天下股份有限公司, 2021.08
136 面；17×23 公分
ISBN 978-626-305-048-8（平裝）
1. 生命科學 2. 漫畫
360 110010287